# 景观收边图解

许哲瑶　著

江苏凤凰美术出版社

# 图书在版编目（CIP）数据

景观收边图解 / 许哲瑶著 . -- 南京 : 江苏凤凰美术出版社 , 2024. 7. -- ISBN 978-7-5741-2099-0

Ⅰ . TU983-64

中国国家版本馆 CIP 数据核字第 2024XU3021 号

出 版 统 筹　王林军
策 划 编 辑　段建姣
责 任 编 辑　李秋瑶
责任设计编辑　赵　秘
装 帧 设 计　张仅宜
责 任 校 对　唐　凡
责 任 监 印　唐　虎

书　　　名　景观收边图解
著　　　者　许哲瑶
出 版 发 行　江苏凤凰美术出版社（南京市湖南路1号　邮编: 210009）
总 经 销　天津凤凰空间文化传媒有限公司
总经销网址　http://www.ifengspace.cn
印　　　刷　雅迪云印（天津）科技有限公司
开　　　本　787 mm × 1092 mm　1/16
印　　　张　9.5
版　　　次　2024年7月第1版
印　　　次　2024年7月第1次印刷
标 准 书 号　ISBN 978-7-5741-2099-0
定　　　价　98.00元

营销部电话　025-68155675　营销部地址　南京市湖南路1号
江苏凤凰美术出版社图书凡印装错误可向承印厂调换

# 目录

# 1

人行道、园路

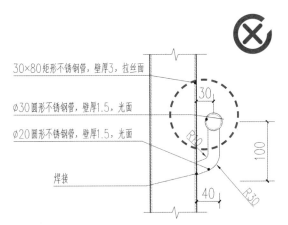

30×80矩形不锈钢管，壁厚3，拉丝面

ø30圆形不锈钢管，壁厚1.5，光面

ø20圆形不锈钢管，壁厚1.5，光面

焊接

栏杆扶手大样

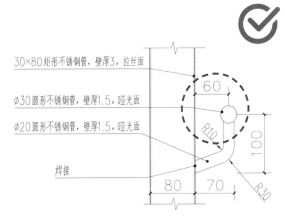

30×80矩形不锈钢管，壁厚3，拉丝面

ø30圆形不锈钢管，壁厚1.5，哑光面

ø20圆形不锈钢管，壁厚1.5，哑光面

焊接

栏杆扶手大样

## 解决方法 ➤➤

◎高度：应根据无障碍通道的高度进行设计，以提供合适的支撑。

◎材料：应采用坚固耐用的材料，如不锈钢、铝合金等。

◎防滑性：扶手表面应具备足够的防滑性能，以增强稳定性。

正确示意

注：本书图中尺寸除注明外，单位均为毫米。

# 问题2：人行道边缘排水不畅，草坪成活率低，积水问题严重

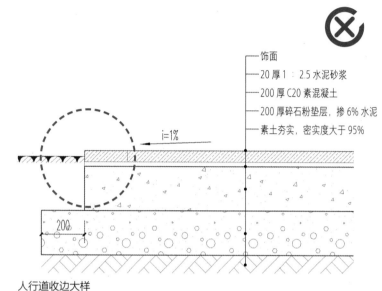

饰面
20 厚 1：2.5 水泥砂浆
200 厚 C20 素混凝土
200 厚碎石粉垫层，掺 6% 水泥
素土夯实，密实度大于 95%

i=1%

200

人行道收边大样

注：此图纸适用于道路宽度小于 2.5m 的单边找坡排水，坡度 1%；宽度大于或等于 2.5m 且小于 3m，采用双边找坡排水，坡度 1%。

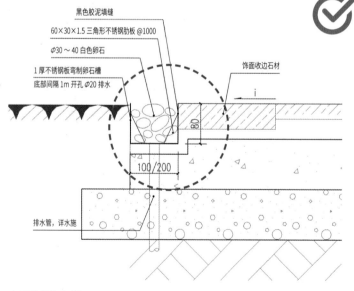

黑色胶泥填缝
60×30×1.5 三角形不锈钢肋板 @1000
∅30～40 白色卵石
1 厚不锈钢板弯制卵石槽
底部间隔 1m 开孔 ∅20 排水

饰面收边石材

i

80

100/200

排水管，详水施

人行道收边大样

## 解决方法 ——»

◎增加不锈钢导水槽处理，槽深 50mm。

## ▼不锈钢收边条施工

① 304不锈钢收边条成品，段间通过卡槽连接。

② 用配套的钉子固定。

③ 可以自由折叠和变形处理，来贴合收边园路或者花坛。

④ 在收边与园路、花池之间撒上碎石。

# 问题3：铺装没有预留伸缩缝

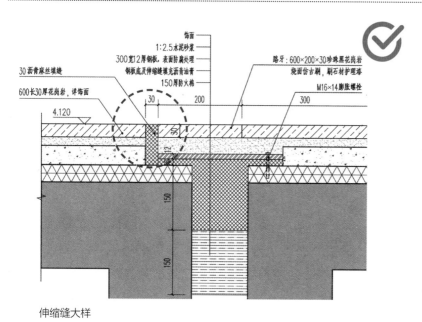

伸缩缝大样

伸缩缝

图中标注文字：
- 饰面
- 1:2.5水泥砂浆
- 300宽12厚钢板，表面防腐处理
- 钢板底及伸缩缝填充沥青油膏
- 150厚防火棉
- 30沥青麻丝填缝
- 600长30厚花岗岩，详饰面
- 4.120
- 路牙：600×200×30珍珠黑花岗岩 烧面仿古刷，刷石材护理漆
- M16×14膨胀螺栓

## ▼伸缩缝铺装方法

先将伸缩缝清理干净，去除灰尘、杂草、油污等，可以使用刷子、高压水枪等工具。

① 选用合适的沥青材料进行填缝。沥青材料分两种，一种是热熔沥青，需用专门的加热设备加热后才能使用；另一种是冷沥青，可以直接使用，但在使用之前需要先将其搅拌均匀。

② 将沥青填充至伸缩缝中。可以使用专门的填缝机进行填充，也可用批刀将沥青填入。填充时尽量填满，避免泥沙、水等杂质进入缝隙。

③ 最后，将填缝处的沥青表面用批刀修饰平整，以达到美观的效果。

## 伸缩缝预留的不同做法

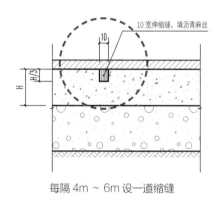

每隔 4m ~ 6m 设一道缩缝

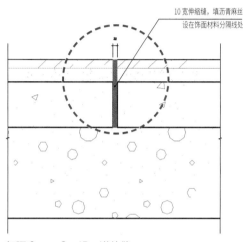

每隔 6m ~ 8m 设一道伸缝

人行道伸缩缝大样

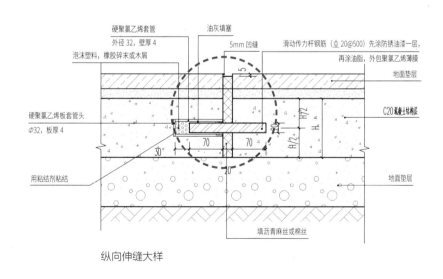

纵向伸缝大样

# 问题 4：转角硬化处理效果较差，铺装容易脱落

错误做法

正确示意

**解决方法** ➤➤

◎拐弯处做弧线（倒圆弧）处理，用不锈钢收边。

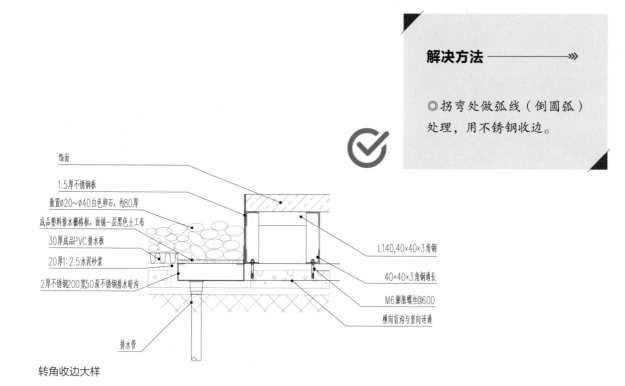

饰面

1.5厚不锈钢板

散置∅20~∅40白色卵石，均80厚

成品塑料排水栅格板，面铺一层黑色土工布

30厚成品PVC排水板

20厚1:2.5水泥砂浆

2厚不锈钢200宽50深不锈钢排水暗沟

排水管

L140,40×40×3角钢

40×40×3角钢通长

M6膨胀螺丝@600

横向盲沟与竖向连通

转角收边大样

## ▼ 转角收边做法

① 生态透水铺装基础。

② 干灰 + 黏合剂铺贴。

③ 放线。

④ 异型边缘切割。

⑤ 不锈钢收边。

⑥ 弹石铺贴。

# ▼常见园路边缘收口处理

高花基收边

碎石收边

亚克力花池收边

花岗岩收边

特色侧石收边

花基侧石收边

地被覆盖收边

玻璃砖收边

预制排水沟收边

# 问题5：上下台阶易磕绊

台阶与地面垂直的板块称为踢板（H），与地面平行的板块称为踏板（B），踢板高度与踏板宽度的关系为：2H+B=60cm ~ 65cm。台阶踢板高度一般在10cm以上，否则行人上下台阶易磕绊，比较危险。

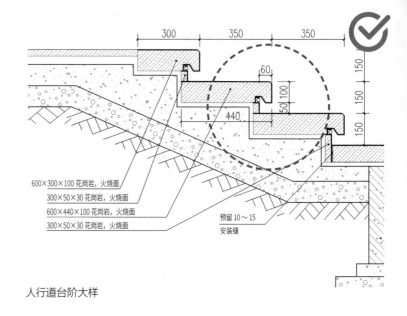

600×300×100 花岗岩，火烧面
300×50×30 花岗岩，火烧面
600×440×100 花岗岩，火烧面
300×50×30 花岗岩，火烧面

预留 10 ~ 15
安装缝

人行道台阶大样

## ▼台阶施工做法

❶ 根据现场实际尺寸，对石材进行加工或切割。一是切割和磨光，使其符合设计要求；二是钻孔和倒角，以便安装固定件；三是抛光和清洗，使其表面光滑、干净。

❷ 安装固定件。石材加工完成后，要在台阶基础中打入膨胀螺栓或预埋件，使其固定在基础中，并使用特殊工具进行紧固。将石材放置在固定件上，进行紧固。

❸ 贴踢板。镶贴踢面板前先将石板块刷水湿润，阳角接口割成45°，再将基层浇水湿透，均匀涂抹素水泥浆，边刷边贴。镶贴时应检查踢面板的平顺和垂直情况。

④ 踏板铺贴前先将基层浇水湿润，再刷素水泥浆（水、灰比为1：1左右），水泥浆应随刷随铺砂浆。

⑤ 铺干硬性水泥砂浆（配比约为1：3，以湿润松散、手握成团不泌水为准），找平层，虚铺厚度以25mm～30mm为宜，放上石块时高出预定完成面3mm～4mm。用铁抹子（灰匙）拍实抹平，然后进行石板块预铺，对准纵横缝。用锤子着力敲击板中部，振实砂浆后，将石板掀起，检查砂浆表面与石板底吻合度（如有空虚处，应用砂浆填补）。

⑥ 先用喷壶在砂浆表面适量洒水，再均匀撒一层水泥粉，把石板块对准铺贴，四角要同时着落。应从里向外逐行挂线铺贴，如设计没有特别要求，缝隙宽度不能大于1mm。

⑦ 用锤子敲击至平整。铺贴完成24小时后，检查石板块表面有无断裂、空鼓，用稀水泥（颜色与石板块相似）刷缝填满，并用干布擦净至无残灰、无污迹。台阶铺好后两天内禁止上人和堆放物品。

# 问题6：台阶易滑

在设计与施工中，需要考虑踏板的防滑性能，踏面应做防滑饰面，天然台阶不做细磨饰面。

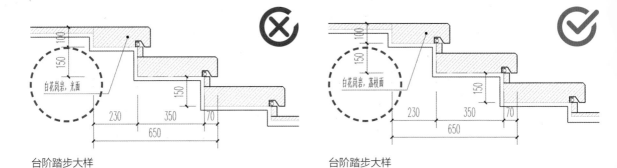

台阶踏步大样                                    台阶踏步大样

台阶侧墙（垂直侧墙）        台阶侧墙（垂直踏面）        特殊交接

---

**———— 小贴士 ————**

### 台阶边缘侧边墙体交接细节处理

◎异型斜面景墙与台阶交接时，一般会将台阶端头延伸，墙体的底部包过台阶板端头。如果斜面接平面，可直接顺接；如果是斜面接斜面，则两者都要做切割处理。

◎当压顶距离台阶斜面较长时，可选用垂直踏面的方式。

◎当压顶距离台阶斜面较短时，可选用垂直侧墙的方式。

# ▼不同台阶对比

毫无深化设计的台阶

把整石做出了贴片的即视感

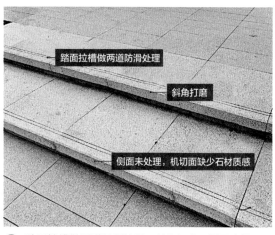

踏面拉槽做两道防滑处理

斜角打磨

侧面未处理，机切面缺少石材质感

① 毫无深化设计的台阶，把整石做出了贴片的既视感。

② 踏面拉槽做两道防滑处理，斜角打磨。侧面未处理，机切面缺少石材质感。

侧面微自然面处理

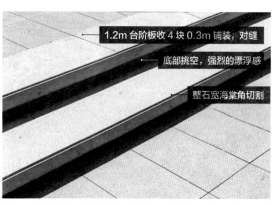

1.2m 台阶板收 4 块 0.3m 铺装，对缝

底部挑空，强烈的漂浮感

整石宽海棠角切割

③ 侧面微自然面处理。

④ 对缝铺装，底部挑空，营造强烈的漂浮感，整石宽海棠角切割。

# 问题7：花岗岩空鼓

## ▼花岗岩铺装细节

施工时，砂浆强度低会导致花岗石面层与结合层之间产生裂缝，进而出现空鼓。水泥的选用也对空鼓形成具有一定影响。

① 使用黏合剂，不用水泥。

② 控制标高，留排水坡度。

③ 严格控制缝宽，并进行勾缝、擦缝处理。

---

**小贴士**

### 花岗岩空鼓原因

◎主要是灌浆不饱满、不密实所致。如灌浆稠度大，则砂浆不易流动，或因钢筋网阻挡造成该处不实而空鼓；如砂浆过稀，则易漏浆，或水分蒸发形成空隙而空鼓。

◎清理石膏时，剔凿用力过大，板材振动容易空鼓；缺乏养护，脱水过早也会产生空鼓。因此，面层与基层必须结合牢固。

# 问题8：碎拼地面间隙不一，接缝不平整

主要原因是板块选材平整度不统一，施工时没有控制好间隙所导致。碎拼地面颜色协调，间隙适宜，板块大小适中，以不规则五边形为主。每个接缝点以不超过三块石材为宜，无裂缝和磨纹，表面平整。

## ▼石材间隙填缝施工

首先，使用刷子或高压水枪清洁石材缝隙，将杂物、灰尘和污垢清理干净，并根据石材种类和颜色选择合适的美缝材料。一般来说，美缝材料有水泥砂浆、环氧树脂美缝剂等，以下举例为水泥砂浆。

**①** 填充美缝材料。将水泥砂浆倒入石材缝隙中，用美缝刀或尖嘴勺进行填充，要适量挤入，充分填满，避免留下空隙。

**②** 抹平美缝材料。用美缝刀或抹子将填充材料抹平，使其与石材表面齐平，同时顺着缝隙方向将多余的材料刮掉，保持石材表面整洁。

**③** 清洁石材表面。等美缝材料干燥后，用湿布擦拭石材表面，去除材料残留。

---

## —— 小贴士 ——

### 主要标准参数及检查方法

◎ 表面平整度：误差 1mm ～ 3mm，用 2m 靠尺和楔形塞尺检查。

◎ 缝格平直：误差不超过 2mm，拉 5m 线，不足 5m 拉通线和尺量检查。

◎ 接缝高低差：误差 0.5mm 内，用尺量和楔形塞尺检查。

◎ 板块间隙：宽度不大于 2mm，尺量检查，或按设计要求。

# 问题 9：收边石材弧线内出现小边、小料现象

出现小边、小料现象，主要是转角收边石材没有现场放样排列后再切割，或出现单边切割形式造成。

## ▼ 弧形园路做法

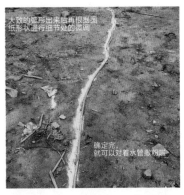

大致的弧形出来后再根据图纸形状进行细节处的微调

确定完，就可以对着水管撒粉脚

**1** 用柔韧性较强的 PVC 管放线。将 PVC 管弯曲，呈自然弧形作为园路走向的参考线，再弹线，必要时可用道路模板作辅助。不要用软绳，会导致弧线不流畅且不好看。

**2** 铺装厚度要统一，按尺寸试拼，对弧线不流畅的部位，在正式铺装前调整校正。现场铺装后，切割成流畅的弧线。

**3** 砌筑花基与铺装之间的侧石，注意对缝。

**4** 遇到直角位置，应先用卡尺和粉笔在需要对角切割的砖块上作出标记。

**5** 注意拼铺时对缝所留缝隙的宽度，切割后再铺贴。

### 解决方法 ➡

◎转角收边石材根据弧线的长度及角度，现场放样排列后切割（大规格，可提供弧线的半径及角度，定制加工），每块材料按大小等分、等腰梯形形状加工，不允许出现单边切割形式。

# 问题 10：园路两侧草坪积水

　　园路两侧草坪积水，主要是两侧没有埋盲管排水导致的。盲管具备多孔结构和防堵塞功能，一般通过吸收和被动泄压的方式排除土壤中的水分。现在使用成品麻丝盲管和钢圈盲管居多，如采购不到，也可采用如下方法进行施工。

## ▼ 盲管排水沟施工

① 面层要有排水坡度。

② 开挖埋管槽。

③ 用 UPVC 管道进行打孔处理，再包裹土工布防止泥土堵塞。

④ 盲管沟开挖完成后，要回填碎石或陶砾。

⑤ 把盲管包裹严实，再进行土方的回填工作。

⑥ 回填要均匀，可以适当使用水灌使土方沉降到位。

# 2

## 户外平台

# 问题1：平台木板面层松动，行走时有响声

混凝土基层不平整、垫木间距过大、龙骨垫枕过高等，都会造成走动部位垫木松动。

## 技术要求 ➤➤➤

◎ 木板面层辅钉牢固，无松动，粘贴胶符合设计要求。

◎ 条形木板面层接缝严密，接头位置错开，表面洁净，拼缝平直方正。

◎ 拼花木板面层接缝严密，粘钉牢固，粘结无溢胶，板块排列合理、美观，镶边宽度协调一致。

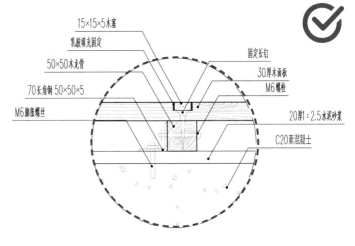

木平台面板与龙骨固定大样

## 技术要求 ➤➤➤

◎ 查看木面板有无垫实、垫平、捆绑不牢固和有无孔隙，观察面板间距、地板弹性是否过大。

◎ 钉毛地板前，先检查木面板的施工质量，踩在板上没响声后，再铺地板。

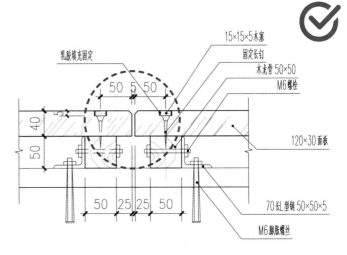

木平台面板间交界处与龙骨固定大样

# 问题2：木地板与种植土边缘衔接变形

木板与种植土直接接触，容易受潮，热胀冷缩从而导致变形。

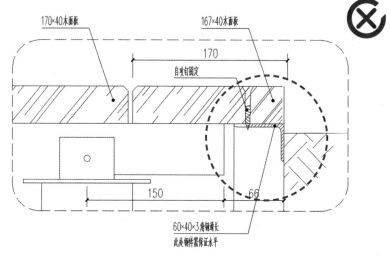

170×40木面板　167×40木面板
170
自攻钉固定
150
66
60×40×3角钢通长
此处钢件需保证水平

木平台与种植土间收边大样

**解决方法 ➡➡**

◎ 增加花岗岩收边并与木地板齐平，注意收边花岗岩面板要与木地板之间留缝。

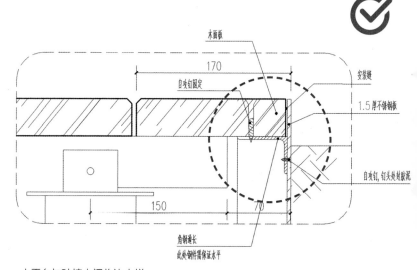

木面板
170
安装缝
自攻钉固定
1.5厚不锈钢板
150
70
自攻钉，钉头处封胶泥
角钢通长
此处钢件需保证水平

木平台与种植土间收边大样

# 问题 3：支撑木龙骨外露

支撑木面板的龙骨为异型木方，容易导致木龙骨外露。

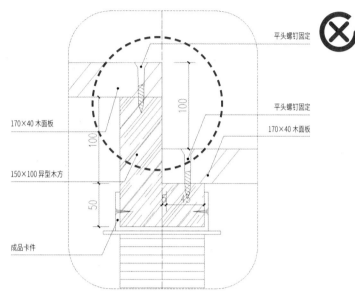

平头螺钉固定

170×40 木面板

150×100 异型木方

成品卡件

平头螺钉固定

170×40 木面板

木平台支撑木龙骨大样

**解决方法 ⟶》**

◎ 可增加不锈钢板，并用平头螺钉固定在木龙骨上，注意不锈钢板与下一级木面板之间要预留安装缝。

平头螺钉固定

170×40 木面板

150×100 异型木方

成品卡件

3 厚螺钉固定

平头螺钉固定

170×40 木面板

木平台支撑木龙骨大样

# 问题4：木平台与地面衔接收口不美观

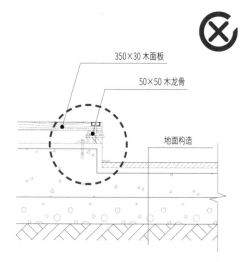

350×30 木面板
50×50 木龙骨
地面构造

木平台与地面收边大样

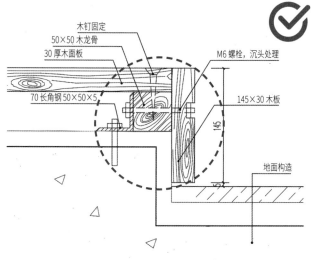

木钉固定
50×50 木龙骨
30 厚木面板
M6 螺栓，沉头处理
70 长角钢50×50×5
145×30 木板
145
地面构造

木平台与地面收边大样

弧形木平台收边

直边木平台收边

---

**解决方法** ━━━━━━━━━━━━━━━━━━━━━━━━━━━━━━━━━━━━➤➤

◎增加木板以衔接木平台与地面，注意衔接木板与地面留缝，与木平台用龙骨和沉头螺栓固定。

## ▼木地板安装方式

① 配套卡扣。适合小面积的木平台，缝隙比较宽，木板侧面需要拉槽，缝隙一般为6mm。优点是表面看不到钉子，视觉效果较好，适用于幼儿园、儿童户外活动场地。

② 这种卡扣适合小块的拼接地板，安装简易、方便。

③ 面钉安装。严格控制木板缝隙，先提前打孔，再打钉子，放线要精准，钉子要保持在一条直线上。

④ 侧钉安装。借助工具，让表面看不到钉子，缝隙打钉时也要注意这个问题。

# 问题 5：屋顶花园木地板面层松动

由于简易龙骨支撑不耐久，靠近台阶的第一排木板容易松动。

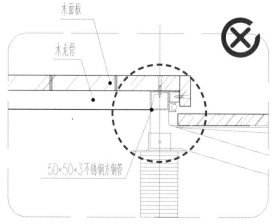

木平台支撑木龙骨大样

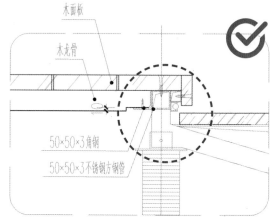

木平台支撑木龙骨大样

错误示意

正确示意

**解决方法** ——————————»

◎可定制木龙骨，并增加角钢固定。

排水坡度不当或排水方式不当，都会造成花岗岩铺装积水。

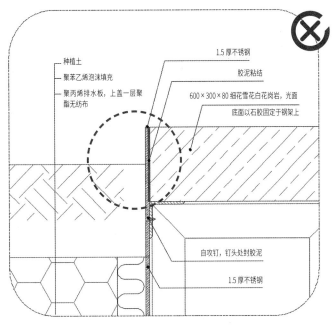

种植土
聚苯乙烯泡沫填充
聚丙烯排水板，上盖一层聚酯无纺布

1.5厚不锈钢
胶泥粘结
600×300×80细花雪白花岗岩，光面
底面以石胶固定于钢架上

自攻钉，钉头处封胶泥
1.5厚不锈钢

花岗岩铺装不锈钢板收边大样

**解决方法** ➡➡

◎ 在花岗岩铺装外侧增加卵石排水沟。

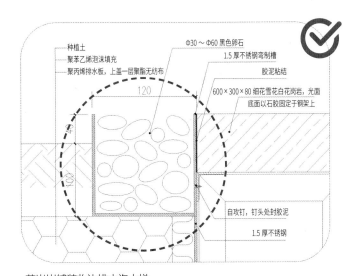

种植土
聚苯乙烯泡沫填充
聚丙烯排水板，上盖一层聚酯无纺布

Φ30～Φ60 黑色卵石
1.5厚不锈钢弯制槽
胶泥粘结
600×300×80细花雪白花岗岩，光面
底面以石胶固定于钢架上

120

自攻钉，钉头处封胶泥
1.5厚不锈钢

花岗岩铺装收边排水沟大样

# 问题 7：花岗岩铺装返碱

花岗岩铺装返碱是常见的问题，主要原因包括：水泥配比不合理，过量的水泥会产生大量氢氧化钙，导致石材表面返碱；另外，花岗岩是一种酸性岩石，其金属离子会产生电化学反应，从而导致石材表面返碱。

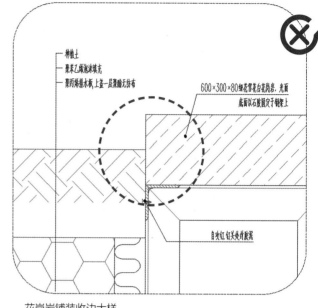

花岗岩铺装收边大样

**解决方法** ➡➡

◎增加不锈钢板隔离花岗岩与种植土，并用胶泥粘结使不锈钢板与花岗岩贴紧，注意不锈钢板和胶泥的埋深要求。

◎施工时使用专用黏合剂，不要用水泥，可以减少返碱情况发生，铺贴好、清理完成后使用石材防护剂。

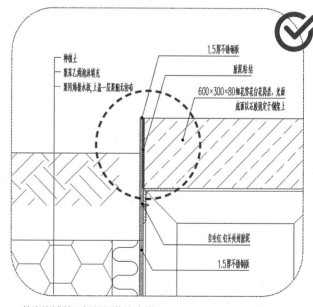

花岗岩铺装不锈钢板收边大样

## 避免铺装返碱的施工要点

不用混凝土做基础，在夯实后铺设土工布，上面使用植草格，再垫砾石层，加砂

如采用混凝土基础或在已有的混凝土基层上铺设，则可用万能支撑器架空的方法

或者用胶泥代替水泥砂浆，四边留 3mm 缝隙

# 问题 8：架空台阶石与花基收口不美观

架空台阶石与花基收口预留过宽，会让废弃物和树叶等进入，无预留则易造成摩擦，影响台阶石使用寿命。

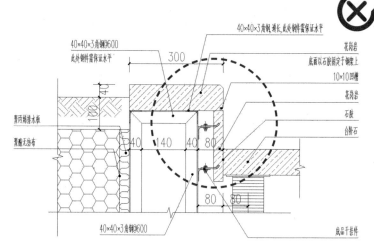

台阶石与花基收边大样

**解决方法** ⟶

◎ 石胶固定不美观，时间长了还易脱落。要预留出安装缝。

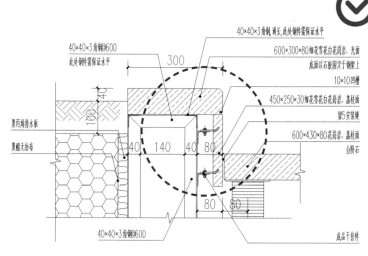

台阶石与花基收边大样

# 问题9：圆形铺装缝隙不一，对缝不均匀

## ▼圆形铺装施工

① 在放线开挖、夯实整平和铺设"植草格＋瓜子片＋干砂灰"后进行圆形铺装。从圆心开始铺，注意对缝和平整。

### 解决方法 ——≫

◎按设计要求，石材按半径弧长等分加工，保持相同半径内的大小规格一致，做到弧线流畅、美观。设计要对放射形铺装留缝提出明确要求，施工时注意对缝。

② 白水泥勾缝，缝口光滑一致。

③ 清洗打扫多余的白水泥。

# 问题 10：屋顶花园花岗岩铺装积水

积水问题可能源自水管漏水、排水系统不畅、路边排水沟没有清理干净等，尤其是大面积花岗岩铺装，选择合适的材料与楼板的结合方式很重要。

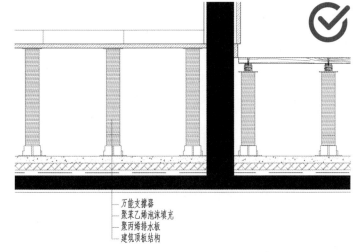

— 万能支撑器
— 聚苯乙烯泡沫填充
— 聚丙烯排水板
— 建筑顶板结构

屋顶花园万能支撑器大样

## ▼万能支撑器铺装做法

用万能支撑器代替辅材，不仅有减轻楼板承重、排水顺畅的优点，还便于施工（包括方便穿管线等），可以调节坡度，有良好的稳定力和较高的抵抗力。

① 摆放支撑器。依据施工大样及场地尺寸放线，弹出支撑器中心线。排出大致位置后，核对石材与墙面、灯带、洞口等部位的相对位置，需要挖孔的地方提前做出标记。一般支撑高度 40mm 以下是不需要固定的，但在坡面上需要用水泥加固。

② 放置石材。将石材放置在摆好的支撑器上，一般摆一块放一块。注意石材之间留缝，提高美观度。

③ 检查平整度。将水平尺按对角线方向检查摆放是否平整，再测定左右相邻石材的平整度，最后检查边角是否对直。

# 问题 11：弹石拼花铺装凹凸感明显，接缝大小不匀

## ▼弹石拼花铺装施工

① 首先，根据图纸在现场弧形定点准确放样，放碎石或木工格做基础垫层。

③ 用细砂扫缝或勾缝。

② 填充弹石，留缝8mm～10mm。

### 解决方法

◎碎拼部分做到排列有序，材料反差不大、缝道均匀，规格铺装部分整齐划一，弧线收边流畅、美观，切割标准。

# 问题 12：水洗石地面出现空鼓

    水洗石广泛应用于泳池、花基、户外花园地面、停车库出口地坪等，硬度和防水性好，抗磨抗刮，并且防滑。水洗石在铺装过程中如果出现空鼓现象，一般是基层未处理干净造成的，基层清理冲洗晾干后进行面层施工，基层和面层间刷水泥浆处理。

---

## 小贴士

### 地面沉降断裂

◎是伸缩缝没有设置或设置不标准造成。首先，面层伸缩缝设置要对应基层，并且把设置距离控制在 3m 以内。其次，批刮好水洗石后，干透后再批一遍，形成保护罩面。传统水洗石用水泥基，地面收缩容易开裂，目前已有植物乳液成分等新型材料，韧性较水泥高，可避免开裂的问题。

### 石子排列不均匀

◎是材料拌和不均或未达到配合比要求造成的，要加强材料拌和，在原材料摊铺未初凝前适当补充石子。

◎按设计要求，现场施工要求拌和均匀，如无特别要求，一般石子和水泥按 1 : 2.5（或 1 : 3）配料。

### 防止水洗石地面脱粒

◎原材料的选择。材料规格、颜色符合设计要求，选用粒径饱满、圆润的石子，含杂量不得超过 1%。

◎掌控清洗时间。材料搅拌均匀、摊铺压实后，初凝到一定强度方可进行清洗。一般以手指按上去没有明显指印为宜，但不可过度清洗，以免降低面层的强度。

# ▼ 水洗石地面铺装做法

① 基层涂抹。将配好的砂浆均匀涂抹在已处理好的基层上，厚度一般为 3cm ~ 5cm。用抹子进行平整处理。

② 抗裂处理。在湿润的砂浆层上铺设抗裂纤维网，增强水洗石的抗裂性能。

③ 将骨料与水泥按照一定比例拌和，可使用电动搅拌机搅拌，确保砂浆均匀。

④ 水洗石铺设。将水洗石按照预定方式铺设在砂浆层上，并以水平仪和尺子进行校正。

⑤ 粘贴水洗石。在水洗石背面涂抹适量砂浆，然后将其粘贴在已经湿润的砂浆层上。

⑥ 水泥初凝后，用海绵去除面层浮浆，直至露出骨料。可根据需要在水洗石表面做防滑处理，如喷洒防滑剂。

# 3

水景

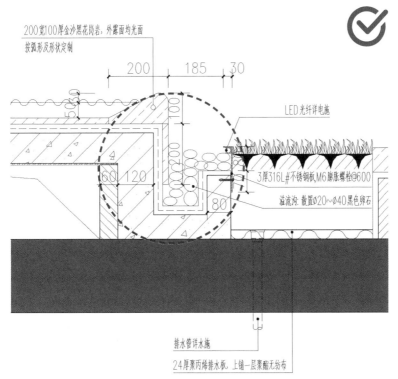

200宽100厚金沙黑花岗岩，外露面均光面
按弧形及形状定制

LED光纤详电施

3厚316L#不锈钢板，M6膨胀螺栓@600

溢流沟：散置φ20~φ40黑色卵石

排水管详水施

24厚聚丙烯排水板，上铺一层聚酯无纺布

水池溢流沟水槽大样

溢流沟水槽常用于排出游泳者入池时溢出的池水，并带走水面的漂浮物。把溢流沟水槽应用于景观水池中，能有效维护水体的洁净。

实景示意

# 问题 2：水池收边返碱

石材本身含有碱性物质，这些碱性物质在水中溶解后会沉积在石材表面，导致返碱现象。

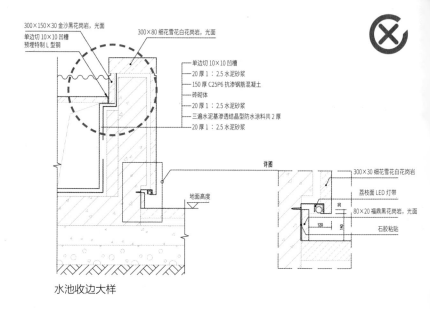

300×150×30 金沙黑花岗岩，光面
单边切 10×10 凹槽
预埋特制 L 型钢
300×80 细花雪花白花岗岩，光面

单边切 10×10 凹槽
20 厚 1：2.5 水泥砂浆
150 厚 C25P6 抗渗钢筋混凝土
砖砌体
20 厚 1：2.5 水泥砂浆
三遍水泥基渗透结晶型防水涂料共 2 厚
20 厚 1：2.5 水泥砂浆

详图

300×30 细花雪花白花岗岩
荔枝面 LED 灯带
80×20 福鼎黑花岗岩，光面
石胶粘贴

地面高度

水池收边大样

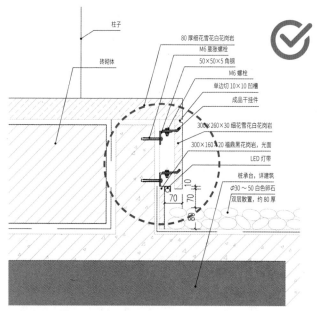

柱子
砖砌体

80 厚细花雪花白花岗岩
M6 膨胀螺栓
50×50×5 角钢
M6 螺栓
单边切 10×10 凹槽
成品干挂件
300×260×30 细花雪花白花岗岩
300×160×20 福鼎黑花岗岩，光面
LED 灯带
桩承台，详建筑
∅30～50 白色卵石
双层散置，约 80 厚

水池收边大样

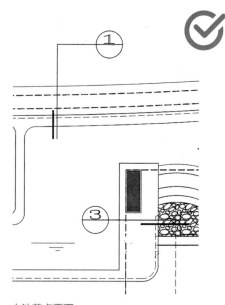

① ③

水池节点平面

节点 1 实景示意

节点 3 实景示意

注：节点 1 和节点 3 属于同一个水池，但节点 3 处于建筑结构柱一侧，水池内侧花岗岩采用成品干挂的形式铺贴，而非节点 1 的湿贴方式。

## 解决方法 ━━━━━━━━━━━━━━━━━━━━━━━━━━»

◎ 在防水水泥砂浆与饰面材料之间增加一层环氧树脂胶泥，避免直接接触，能抗渗防腐。

◎ 采用清水配合硬毛刷将石材表面仔细刷净。

◎ 被防护的石材必须保持干燥。

◎ 施工时，在表面均匀涂刷防护剂。光面石材涂刷 5 分钟后，将表面残液擦净。

◎ 施工完毕，需在自然通风环境下养护 24 小时。

# 问题 3: 跌水口出水不均匀

出水口两边放坡、中间凸起或水流不均匀,都会导致出水不均匀。

首先,第一级落水台阶应背斜向跌落一侧,外露面均光面;其次,注意铺装平整度,加强质量监控,出水口误差控制在 1mm 内,保证出水均匀。

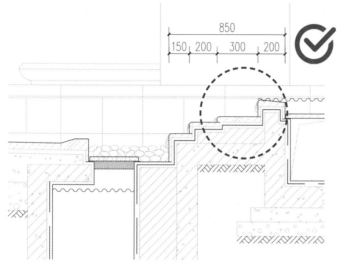

水池出水口收边大样

实景示意

---

**—— 小贴士 ——**

### 涌泉与跌水可以一起造景吗

◎ 涌泉与跌水需二选一,不然涌泉会形成不断变化的水面波纹,造成跌水出水不均匀,以致溅湿周围铺装。

## 问题 4：泳池池壁漏水

泳池在使用过程中，可能会受池体运动、温度变化、材质老化、设备故障等影响，导致池壁漏水。

**解决方法** ━━━━━━━━➤➤

◎ 泳池贴面砖不宜采用尺寸太大的，以 50cm×50cm 为宜。

◎ 填缝层、粘结层、防水层和界面层宜采用专业型材质，尤其是泳池壁与池底之间应使用成品马赛克弯件。

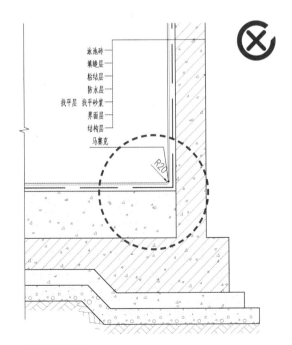

泳池池壁大样

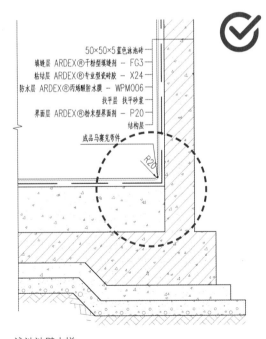

泳池池壁大样

# 问题 5：跌水水帘外溅，造成地面积水

水帘外溅常常造成池边花岗岩平台被打湿，甚至积水，存在安全隐患。主要原因包括：跌水落水过高、水流速度快；收水带直接以河卵石、砾石覆盖，水体冲击时形成明显外溅。若池边为木平台，则应在靠近跌水一侧增加不锈钢板，以减少跌水外溅对木平台的浸湿。

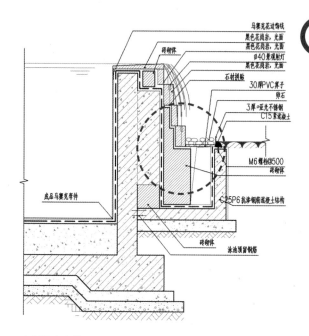

马赛克花边饰线
黑色花岗岩，光面
黑色花岗岩，光面
Ø40景观射灯
黑色花岗岩，光面
砖砌体
石材拼贴
30厚PVC算子
卵石
3厚哑光不锈钢
C15素混凝土
成品马赛克寄件
M6螺栓@500
砖砌体
C25P6抗渗钢筋混凝土结构
泳池顶留钢筋
砖砌体

水池跌水大样

错误示意

## 解决方法 ➡➡

◎ 增加收水槽设置可以减轻水景跌落外溅的影响，收水槽宜采用镂空的方式，让水直接落入收水槽中。

◎ 控制水景跌落的高度。

◎ 控制收水带的宽度。

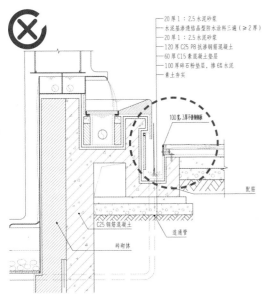

20 厚 1：2.5 水泥砂浆
水泥基渗透结晶型防水涂料三遍（≥2厚）
20 厚 1：2.5 水泥砂浆
120 厚 C25 P8 抗渗钢筋混凝土
60 厚 C15 素混凝土垫层
100 厚碎石粉垫层，掺6%水泥
素土夯实

100宽,3厚不锈钢水簸

配筋

C25 钢筋混凝土

连通管

砖砌体

马赛克边饰线
砖砌体
黑色花岗岩，光面
黑色花岗岩，光面
Φ40 景观射灯
黑色花岗岩，光面
石材拼贴
30 厚镂空罩子
3 厚哑光不锈钢
C15 素混凝土
M6 螺栓 @500

成品马赛克弯件

C25 P8 抗渗钢筋混凝土结构

泳池预留钢筋

池底构造

砖砌体

水池跌水防外溅做法大样（木平台）　　　　水池跌水防外溅做法大样

## 如何避免跌水外溢

◎水池壁的肌理和材质决定了跌水外溢的可能性，肌理越光滑、平缓，外溢的幅度越小，反之则越大。

◎设计时应充分考虑跌水与周边铺装的空间关系，预留足够的收水带宽度和跌水两侧边界的退界距离（即跌水两侧收边墙体往前凸，跌水墙则往后退）。

◎保证蓄水槽出水口的平整度，不然会导致两端水流大、中间水流稀疏，以致两端水流跌落外溅。

◎若蓄水槽的出水孔不足，也会导致水不易排出而加剧水溅铺装。

a.墙体适当往前凸
b.跌水景墙往后退
c.减少积水的影响

做法示意

# 问题6：水池池底漏水

　　地基处理强度不够，造成结构质量有缺陷，防水不到位，导致池底漏水。建议使用水泥基渗透结晶型防水涂料、聚氨酯防水涂料、抗渗钢筋混凝土等，施工时加强结构质量监控。

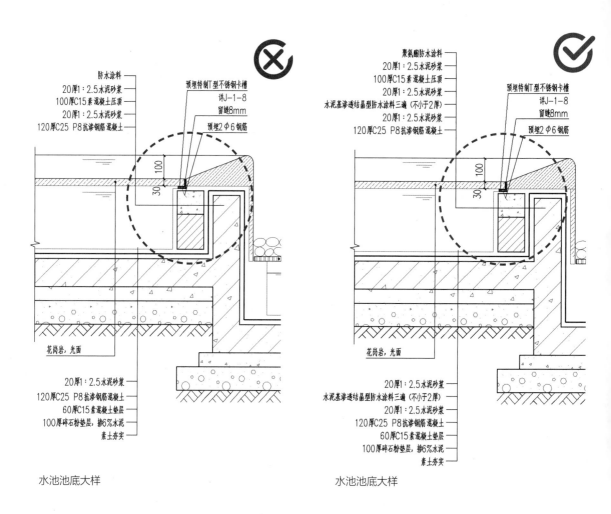

水池池底大样　　　　　　　　　　　　　　　　水池池底大样

**解决方法** ━━━━━━━━━━━━➤➤

◎混凝土结构表面应结实、平整，不得有露筋、蜂窝等缺陷。

◎材料的质量、技术性能必须符合要求。

◎防水涂料必须平整、均匀，无脱皮、起壳、裂缝、鼓泡等缺陷。

实景示意

━━━━━ **小贴士** ━━━━━

## 防水层施工注意事项

◎防水混凝土的原材料配比及坍落度必须符合设计要求，一次浇筑到位，不得留设施工缝。

◎振捣密实，预埋的管道无移位、破坏现象，防水层顶标高一致。

◎涂刷基层表面，将尘土、残留物清扫干净，阴阳角处应抹成圆弧或钝角。

◎找平层连接处的地漏、管根、出水口等部位要收头圆滑，部件安装牢固，嵌缝严密。

# 问题 7：镜面水出水缝隙过大

出于设计或施工原因，可能导致出水缝隙过大，从而影响镜面水整体效果。

## 解决方法 ————————➤

◎ 石材与石材之间的出水缝隙不宜过大，一般为5mm～10mm。通过缝隙均匀循环，从而达到静水面的效果。

◎ 水池材质宜采用光面花岗岩，并且压顶石与水池之间应密缝铺贴，不留缝。

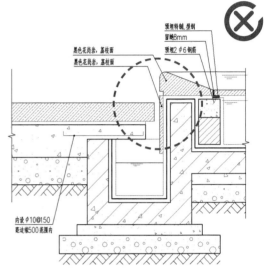

镜面水出水缝隙大样

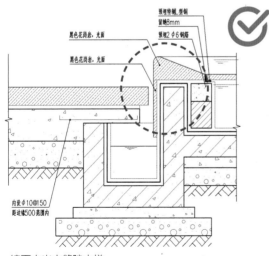

镜面水出水缝隙大样

出水缝隙

# 问题8：溢水口不美观

溢水口设计随意或设计时缺乏考虑，都会影响整个水体效果，可谓细节决定成败。

**解决方法** ━━━━━━━━━➤➤

◎水池壁上的溢水口铺装宜采用同池壁石材。

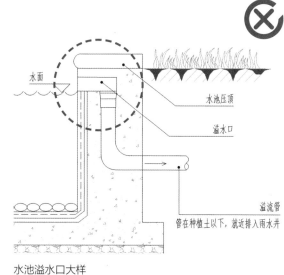

水池溢水口大样

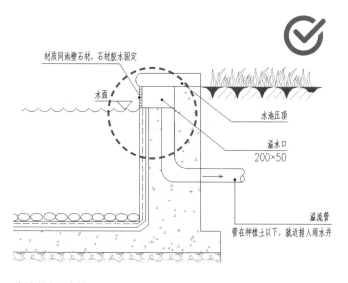

水池溢水口大样

错误示意

# 问题 9：无边水景落水不均匀

无边水景出水口处平整度需要施工控制，一般将误差控制在 1mm 左右。

正确示意

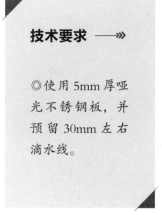

**技术要求 ——»**

◎ 使用 5mm 厚哑光不锈钢板，并预留 30mm 左右滴水线。

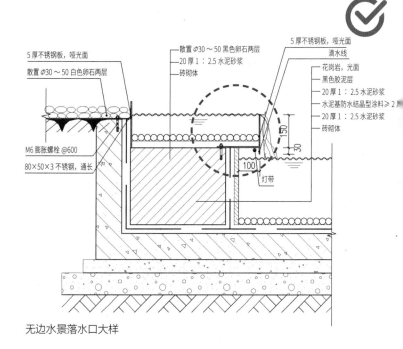

5 厚不锈钢板，哑光面
散置 ⌀30～50 白色卵石两层

散置 ⌀30～50 黑色卵石两层
20 厚 1：2.5 水泥砂浆
砖砌体

5 厚不锈钢板，哑光面
滴水线
花岗岩，光面
黑色胶泥层
20 厚 1：2.5 水泥砂浆
水泥基防水结晶型涂料≥2 层
20 厚 1：2.5 水泥砂浆
砖砌体

M6 膨胀螺栓 @600
80×50×3 不锈钢，通长

150
30
100
灯带

无边水景落水口大样

# 问题 10：幕墙与水面收边衔接不当，未能营造镜面效果

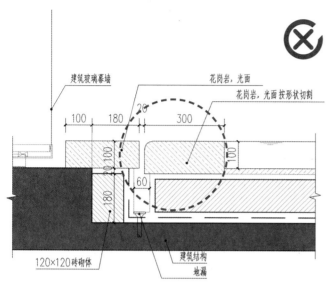

镜面水池边收口大样

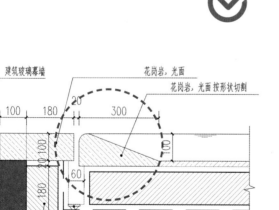

镜面水池边收口大样

**解决方法 ——»**

◎在玻璃幕墙与镜面水池之间增加光面花岗岩压条，压条与收边侧石之间为线性排水沟。压条颜色可与侧石一致，形成"无边"的效果，或者采用对比色，强调平面的分隔。

正确示意

# 问题 11：镜面水面不均匀

　　大面积水池池底不架空，中间做一个出水口，不能保证水面平整及均匀流淌，导致有的地方有水，有的地方没水。

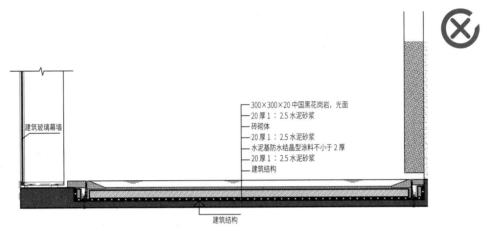

建筑玻璃幕墙

300×300×20 中国黑花岗岩，光面
20 厚 1：2.5 水泥砂浆
砖砌体
20 厚 1：2.5 水泥砂浆
水泥基防水结晶型涂料不小于 2 厚
20 厚 1：2.5 水泥砂浆
建筑结构

建筑结构

镜面水池池底做法大样

正确池底示意

通过缝隙均匀循环出水，达到静水面的效果

万能支撑器与石材之间的出水缝隙

池底通过万能支撑器架空

**解决方法 ━━▶▶**

◎ 大面积池底石材通过万能支撑器架空，架空后有足够的空间布置管道和灯具，石材与石材之间留5mm ~ 10mm出水缝隙，水通过缝隙均匀进行循环，达到静水面的效果。

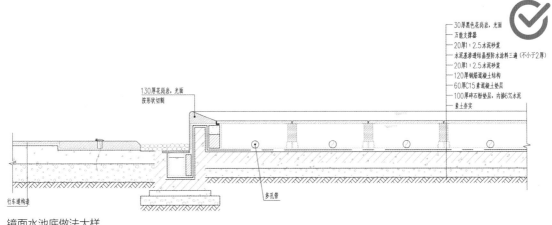

镜面水池底做法大样

# 问题 12. 镜面水落水石与池底铺装衔接处不平整

镜面水落水石与池底铺装衔接欠缺考虑，或者只是简单地用水泥填缝处理，都会出现不平整的状况。

正确示意

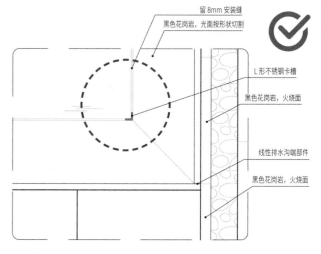

镜面水池卡槽做法大样

图中标注：
- 留 8mm 安装缝
- 黑色花岗岩，光面按形状切割
- L 形不锈钢卡槽
- 黑色花岗岩，火烧面
- 线性排水沟端部件
- 黑色花岗岩，火烧面

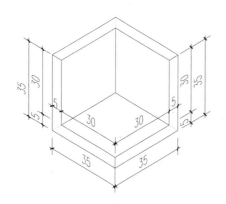

预埋特制 L 形不锈钢卡槽轴测图

不锈钢卡槽与防跌落标识

## 技术要求 ———»

◎ 预埋特制 L 形不锈钢卡槽。

# 问题 13：花岗岩水池镜面跌水不均匀

石材出水口若平整度不足，会导致跌水不均匀的情况发生。

镜面水池出水口

出水口

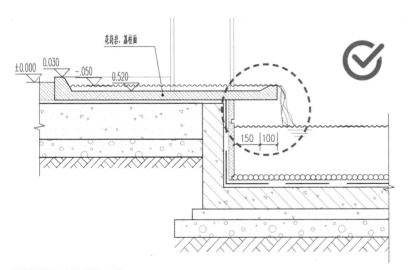

花岗岩镜面水池做法大样

## 技术要求 ——»

◎ 对石材平整度要求较高，施工时需要对两侧贴合的花岗岩找好水平，保证中间落水板的倾斜角度满足设计要求。

# 问题 14：镜面水透过池底铺装缝隙漏水

池底出现漏水，可能是水池本身出现裂缝、破损，或者在施工过程中没有进行正确的防水处理。

柔性防水（丙纶卷材防水）

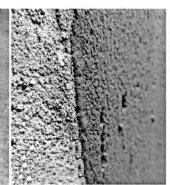
水泥防水砂浆刚性防水

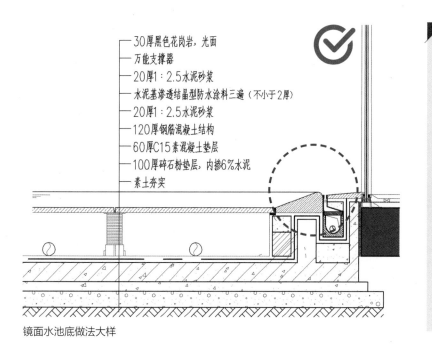

— 30厚黑色花岗岩，光面
— 万能支撑器
— 20厚1：2.5水泥砂浆
— 水泥基渗透结晶型防水涂料三遍（不小于2厚）
— 20厚1：2.5水泥砂浆
— 120厚钢筋混凝土结构
— 60厚C15素混凝土垫层
— 100厚碎石粉垫层，内掺6%水泥
— 素土夯实

镜面水池底做法大样

## 技术要求 ——»

◎镜面水池底部的水泥砂浆找平之后，为防止水体通过缝隙流失，需在找平层上做防水层。常见的防水材料分为刚性防水（水泥防水砂浆刚性防水、沥青卷材防水）和柔性防水（丙纶卷材防水）。

池底收边时，注意将收边石打磨光滑

排水沟
黑色石材
管线可放在架空层
万能支撑器

池底构造之间的关系

## 安装注意事项

◎万能支撑器靠螺纹承重，调整高度时，至少要保证 3 至 4 个螺纹是咬合的，切忌有的部位松有的部位紧。

◎为了防止支撑器晃动，要将绿色固定环反方向朝下拧紧锁住。

◎为防止破坏防水层，要用水泥砂浆把支撑器的底座浇筑在地面上。

◎放 4 个支撑器，安装一块板，再放 2 个支撑器，放另一块板，依此类推，直到铺满。切忌把所有支撑器固定好，再统一铺板。

# 问题 15：镜面水大理石流水池壁返碱

当水与石材接触，水中的碱性物质会与石材表面的酸性物质发生反应，产生碱性沉淀物，引起返碱现象。

错误示意

**解决方法** ——————————————————»

◎ 在石材表面做六面涂刷返碱防护剂，水池做益胶泥防返碱处理。

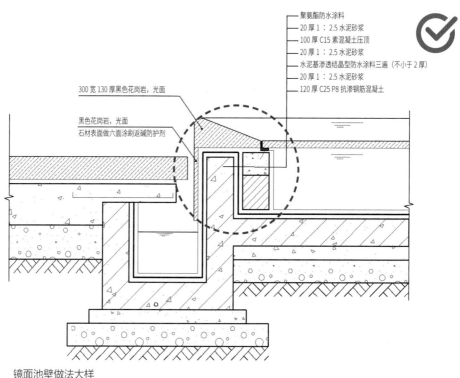

镜面池壁做法大样

300 宽 130 厚黑色花岗岩，光面

黑色花岗岩，光面
石材表面做六面涂刷返碱防护剂

聚氨酯防水涂料
20 厚 1：2.5 水泥砂浆
100 厚 C15 素混凝土压顶
20 厚 1：2.5 水泥砂浆
水泥基渗透结晶型防水涂料三遍（不小于 2 厚）
20 厚 1：2.5 水泥砂浆
120 厚 C25 P8 抗渗钢筋混凝土

涂刷返碱防护剂

石材做六面防护，养护不低于 24 小时

防护前　　　防护后

石材做六面防护，时间不少于 24 小时

## 施工注意事项

◎如池底铺设 200mm×200mm×20mm 厚的材料，施工中则选择 600mm×600mm×20mm 厚的材料进行铺设，中间切假缝处理，尽量减少缝隙的数量，减少返碱的可能性。

◎在石材与石材交接之处，立面切割深 9mm 的缝，插入宽 21mm、厚 1mm 的不锈钢板或 PVC 材料，用粘结胶加以密封。不锈钢板应保持顺直，避免因缝隙而导致水分进入。

# 问题 16：水幕墙侧漏或流水不均

水幕墙出水口安装平整度不足，会导致侧漏或流水不均。

## 技术要求

◎水幕墙上的流水槽安装应找好水平，尤其要注意流水槽安装与水幕墙的收边，应在切割面板前预留位置，并对边缘作打磨处理。

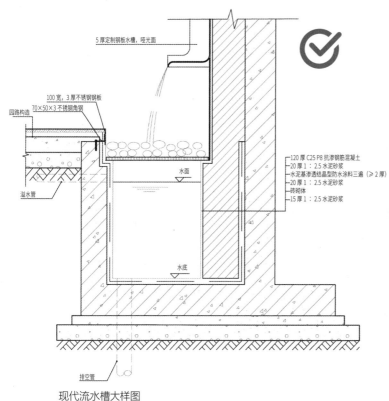

现代流水槽大样图

正确示意

## ▼现代流水槽做法

① 先在景墙上用记号笔定好位置及水管走向，再用切割机在墙上开槽，注意不要用力过猛，以免把墙打穿。

② 在景墙下方安装成品循环过滤箱，并接好水管。

③ 在景墙上部安装成品不锈钢出水口，接好水管。连接水泵的一端要接一个活动的接头，便于后期更换水泵。

④ 根据不锈钢出水口的预留位置切割面板，并对边缘作打磨处理。

⑤ 将水泥砂浆均匀抹平，用钻机在水幕墙出水口位置开孔。　　⑥ 进行切割。

⑦ 打磨边缘。　　⑧ 贴面砖于墙上。　　⑨ 进行出水测试。

# 问题 17：生态水池收边不自然

生硬的石块驳岸影响水池景观效果，石块的排列和堆砌不自然，无法模拟出自然溪流的形态，人工痕迹明显。

错误示意

**解决方法** ——»

◎生态水池的收边应在铺设土工布、防渗膜后，从下往上分层摆放石材进行收边，注意石材大小错落有致，并要预留出种植池的位置。

正确示意

## ▼ 生态水池施工做法

① 用石灰粉画出水池轮廓。

② 台阶式开挖水池。

③ 每挖一层都要夯实，一般挖三层。

④ 铺设第一层土工布，再铺防渗膜，注意要严丝合缝地贴合基础，最后再铺一层土工布。

⑤ 安装好过滤设备后，需要埋管隐藏。

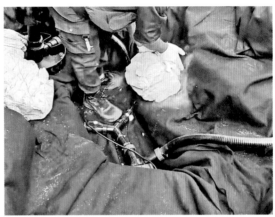

⑥ 从下往上分层摆放石材，有大有小，错落有致，并且预留种植池。

⑦ 用碎石填缝。

⑧ 最后种植植被。

# 4

## 树池、花基

# 问题1：花池收边卵石掉入水中

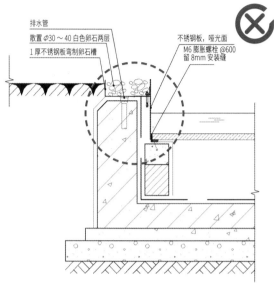

排水管
散置 φ30～40 白色卵石两层
1 厚不锈钢板弯制卵石槽
不锈钢板，哑光面
M6 膨胀螺栓 @600
留 8mm 安装缝

花池收边大样

排水管
散置 φ30～40 白色卵石两层
1 厚不锈钢板弯制卵石槽
胶泥填缝
花岗岩，烧面
R10
留 8mm 安装缝

花池收边大样

## 解决方法 ⟫

◎增加花岗岩收边，并用胶泥填缝。

正确示意

# 问题 2：花基弧形收边缝隙大小不一致

设置花基，既要降低成本，又要追求美观，如何做到两全其美呢？精细化的施工管理是关键，需要根据花基面层的高度来分段选择，是采用干挂还是湿挂的方法。

弧角、不规则材料需要单独放线，加强材料验收控制，施工前按尺寸放样试安装，有瑕疵的材料要修整好后方可进行安装。

正确示意

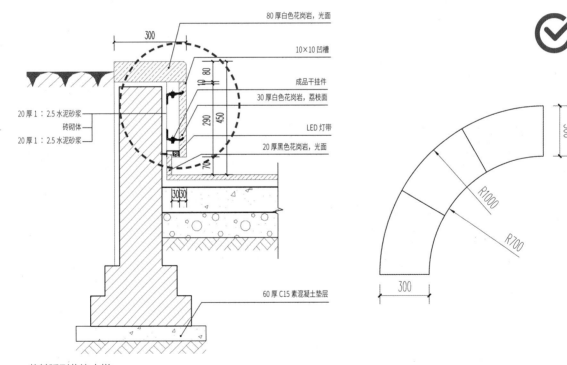

花基弧形收边大样

# ▼花基压顶收边做法

 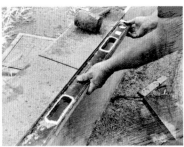 

**做法一：**切割花岗岩，留直边。注意使用夹具或其他工具固定花岗岩石块，保持稳定。

**做法二：**安装前，对整板石材进行割裁、磨圆边、抛光等，确保质量和美观。

**做法三：**石英砖，背倒 45° 角。如发生爆边，可用与石材同色系的大理石胶进行填补。

**做法四：**定制石灰石，留直角。压顶接缝宽度不大于 1.8mm，接缝填充密实、不透水。

# 问题3：花基内植物分隔带外露，不美观

错误示意                                                                正确示意

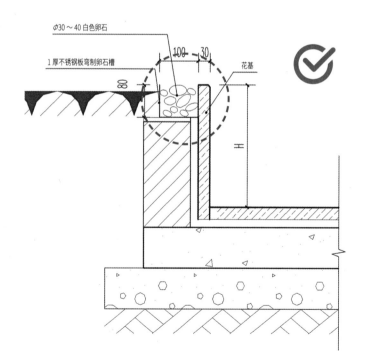

## 解决方法 ——————»

◎施工时，建议种植土采用找坡或种植灌木的方式，把不锈钢分隔板"收"起来。

## 问题 4：花基墙面接缝不平，高低差过大

花基墙面出现接缝不平、高低差过大，主要是基层处理不好、对板材质量没有严格挑选、安装前试拼不认真、施工操作不当、分次灌浆过高等原因导致，容易造成石板外移或板面错动。

错误示意

正确示意

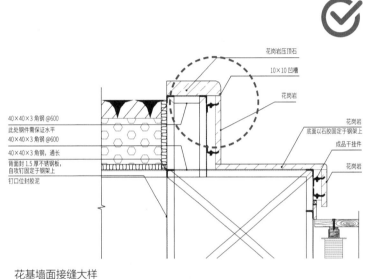

花基墙面接缝大样

---

### 小贴士

**干挂石材的缝隙尺寸**

◎垂直缝隙：宽度一般为 6mm ~ 8mm，最大不超过 10mm，最小不小于 4mm。

◎水平缝隙：宽度一般为 4mm ~ 6mm，最大不超过 8mm，最小不小于 2.5mm。

◎缝隙尺寸根据石材大小、形状、表面处理工艺和干挂的设计要求等进行微调，但宽度的偏差应小于 1mm。

# 问题 5：绿篱露土、露泥问题突出，"秃腿"明显

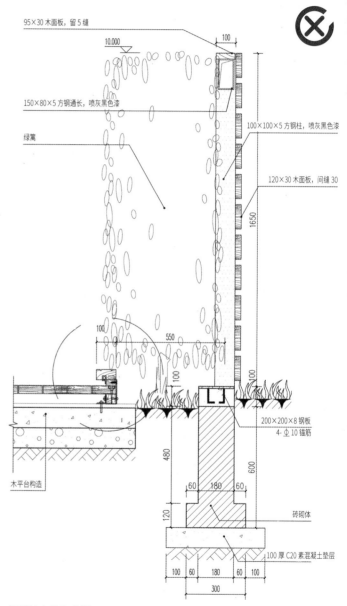

95×30 木面板，留 5 缝

10.000

100

150×80×5 方钢通长，喷灰色漆

100×100×5 方钢柱，喷灰色漆

绿篱

120×30 木面板，间缝 30

1650

100

550

100

100

100

木平台构造

200×200×8 钢板
4-Φ10 锚筋

480

600

60  180  60

120

砖砌体

100 厚 C20 素混凝土垫层

100  60  180  60  100

300

绿篱枕木收脚大样

错误示意

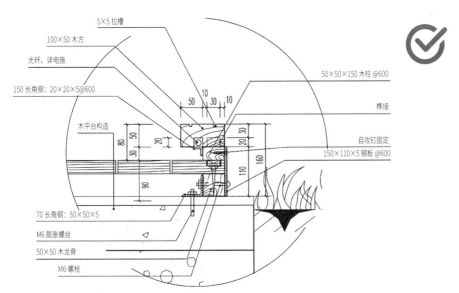

5×5 拉槽
100×50 木方
光纤，详电施
150 长角钢: 20×20×5@600
木平台构造
50×50×150 木柱 @600
榫接
自攻钉固定
150×110×5 钢板 @600
50 10 30 10
80 50 50
20 30
30 20
160
110
90
70 长角钢: 50×50×5
M6 膨胀螺丝
50×50 木龙骨
M6 螺栓

绿篱枕木收脚大样

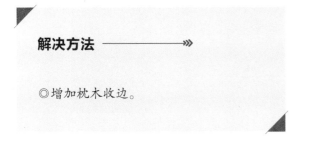

**解决方法** ——————»

◎增加枕木收边。

正确示意

# 问题 6：护栏种植槽出现渗水或漏水

没有预留排水管沟或预留管沟不足，会导致护栏种植槽出现渗水或者漏水的现象。

## 技术要求

◎ 用砖块垫高种植盆，并在种植槽下方预留排水沟和喷灌水沟。

◎ 放置盆栽的种植槽内需要预留排水管。

正确示意

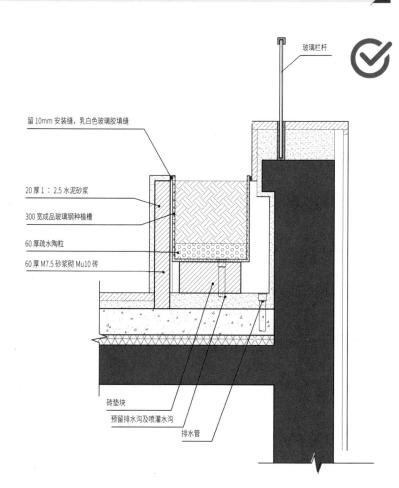

玻璃栏杆

留 10mm 安装缝，乳白色玻璃胶填缝

20 厚 1：2.5 水泥砂浆

300 宽成品玻璃钢种植槽

60 厚疏水陶粒

60 厚 M7.5 砂浆砌 Mu10 砖

砖垫块

预留排水沟及喷灌水沟

排水管

护栏种植槽大样

# 问题 7：树池压顶凸出部分衔接不平顺

此类花池收边，石材的颜色要符合设计要求，规格、大小一致，相邻石材高差小于 2mm。石材切割按给定的半径和角度定型加工，厚度保持一致，弧线部分按半径和转弯角度等分加工。

**技术要求** ➤➤➤

◎凸出部分采取整板套割，设计尺寸符合花岗岩准确模数，边缘吻合整齐、平顺，墙裙、贴脸等上口平直。

◎按尺寸试拼，对弧线不流畅的部位，正式安装前调校准确。厚度不统一的部位，按要求调整。

正确示意

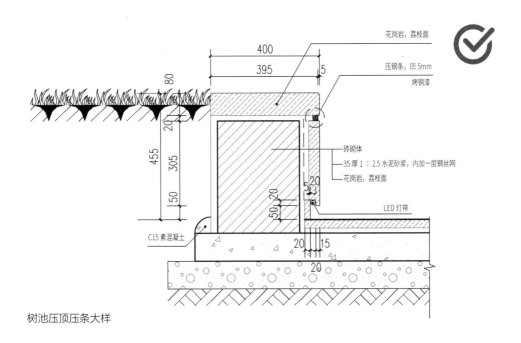

花岗岩，荔枝面
压钢条，凹 5mm
烤铜漆

砖砌体
35 厚 1：2.5 水泥砂浆，内加一层钢丝网
花岗岩，荔枝面

LED 灯带

C15 素混凝土

400
395
5
80
20
455
305
50
50、20
5、20
20
15
20

树池压顶压条大样

# 问题 8：草石隔离带变形，被植物根系和外力损坏

PE 草石隔离带容易造型，但使用寿命较短，需要定期更换，且黑色或绿色材质不适用于景观效果要求较高的酒店、商场等场景。

**解决方法** ————————————»

◎ 选用不锈钢板。

错误示意

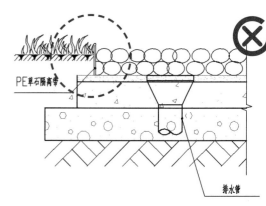

草石隔离带排水大样

正确示意

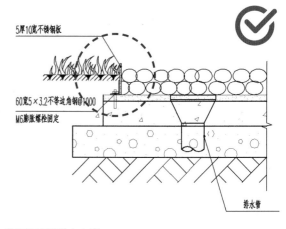

草石隔离带排水大样

# 问题9：花池收边瓦片高低不平

花池收边瓦片高低不平的主要原因在于接缝不平，基层处理不好，所以固定前要找好水平，施工时要固定稳固。

## 解决方法

◎ 先用水平仪测量，确保瓦片保持在同一水平线。

◎ 用木槌之类的工具敲打固定。

错误示意

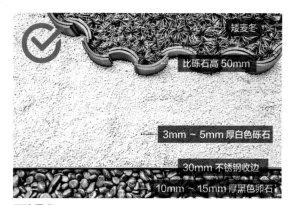

正确示意

矮麦冬
比砾石高 50mm
3mm ~ 5mm 厚白色砾石
30mm 不锈钢收边
10mm ~ 15mm 厚黑色卵石

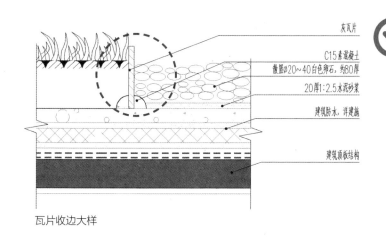

灰瓦片
C15素混凝土
散置Ø20~40白色卵石，约80厚
20厚1:2.5水泥砂浆
建筑防水，详建施
建筑顶板结构

瓦片收边大样

## ▼ 瓦片收边做法

① 用软管放线，把花基边缘勾勒出来，并预摆瓦片。建议结合夜景供电需求预埋电缆，并做穿管保护。

② 根据瓦片的埋深要求挖槽。

③ 平整槽穴。

④ 瓦片顺着槽穴一正一反交替摆放。

⑤ 固定后用水平尺测量，确保瓦片保持在同一水平线。

⑥ 用木槌之类的工具敲打固定，否则容易高低不平。

⑦ 如果瓦片围边用于衔接绿地和花基，则在交叉点位置抹少许水泥灰即可；若用于衔接铺装平台和花基，则需在围边基座用刮板把水泥塑好，防止崩塌。注意水泥需晾干 1 天。

# 问题 10：人造草坪翘边开缝

　　人造草坪边缘翘起问题出现最多的地方是草坪接缝处，一是草坪施工的时候胶水没粘好；二是不透水，草坪长时间泡水；三是使用过程中强度过大，导致开胶现象发生。

## 解决方法 ≫

◎人造草坪下面植草格加碎石，以保证透水，局部预留溢流口。

◎先填充河沙覆盖，再铺人造草坪，用草坪钉固定，边缘抹胶。

◎如果起翘不严重，可以利用专用胶水粘合人造草坪的边缘和地面。使用胶水时，要先将边缘清理干净，待表面干燥后，再将胶水均匀涂抹在草坪边缘处，最后将其紧压在地面上。

错误示意

正确示意

## ▼ 人工草坪收边做法

① 用刀片将人造草坪裁剪成需要的尺寸。

② 在固定草坪边缘的排水管上刷上胶水，以免开裂。刷胶过程中应控制晾制时间，一般为涂胶后30分钟内，以手触不黏为宜。粘结时要求一次性对准粘牢，切不可在粘合后再移动。

③ 从中间向边缘抚平人造草坪。

④ 用铲刀进一步压实边缘处，并用草坪钉固定。

# 5

取水点、排水口

# 问题1：给水外溢，造成绿地积水，植物死亡率高

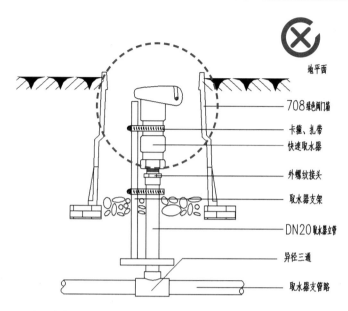

地平面

708绿色阀门箱

卡箍、扎带

快速取水器

外螺纹接头

取水器支架

DN20取水器立管

异径三通

取水器支管路

取水器大样

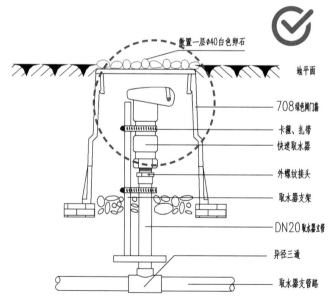

散置一层φ40白色卵石

地平面

708绿色阀门箱

卡箍、扎带

快速取水器

外螺纹接头

取水器支架

DN20取水器立管

异径三通

取水器支管路

取水器大样

## 解决方法 ⟶

◎扩大取水口的口径（不小于30cm）或增加井内用水容量。

◎采用砾石或粗砂作为填充物，提高渗水性能。

◎在阀箱内增加泄水管，就近接雨水箅子。

# 问题 2：铺装地漏突兀

绿化带地漏

绿地与铺装交界处地漏

**解决方法** ➤➤

◎铺装位置的排水口中心石材与周边铺装石材统一。

构筑物基座与铺装交界处地漏

## ▼铺装排水口安装做法

① 在石材上根据排水口大小放线开孔。

② 用电锯锯开若干开孔线。

③ 用锤子锤开孔洞。

④ 用电锯把圆形边缘锯开。

⑤ 打磨边缘。

⑥ 嵌入排水基座。

⑦ 根据排水口大小裁出大小一致的花岗岩石块。

⑧ 把裁好的石块安装在排水口基座。

片石铺装特色地漏

排水地漏

米黄毛石片岩

# 问题 3：玻璃幕墙四周渗水

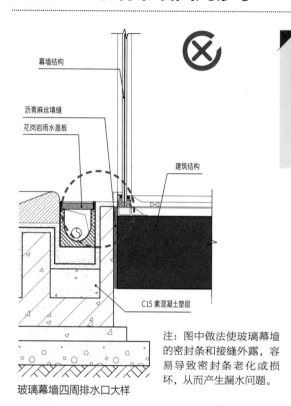

幕墙结构

沥青麻丝填缝
花岗岩雨水盖板

建筑结构

C15 素混凝土垫层

玻璃幕墙四周排水口大样

注：图中做法使玻璃幕墙的密封条和接缝外露，容易导致密封条老化或损坏，从而产生漏水问题。

正确示意

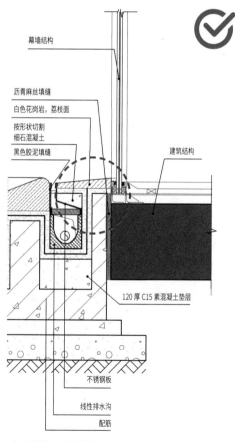

**解决方法**

◎在玻璃幕墙外沿增加花岗岩收脚，并采用线性排水沟。

幕墙结构

沥青麻丝填缝
白色花岗岩，荔枝面
按形状切割细石混凝土
黑色胶泥填缝

建筑结构

120 厚 C15 素混凝土垫层

不锈钢板

线性排水沟

配筋

玻璃幕墙四周线性排水口大样

# 问题4：铺装排水口卵石容易丢失或移动

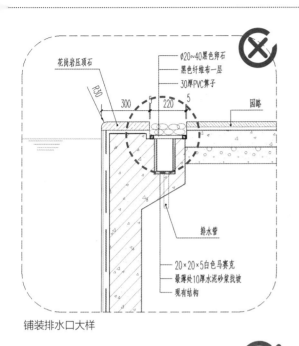

花岗岩压顶石
R30
300
220
5
Ø20~40黑色卵石
黑色纤维布一层
30厚PVC箅子
园路
排水管
20×20×5白色马赛克
最薄处10厚水泥砂浆找坡
现有结构

铺装排水口大样

**解决方法**

◎采用隐藏式线性排水沟，弱化雨水井的存在感。

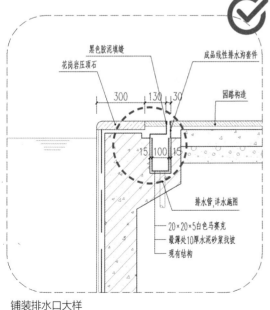

黑色胶泥填缝
花岗岩压顶石
成品线性排水沟套件
300
130
30
园路构造
15
100
15
排水管,详水施图
20×20×5白色马赛克
最薄处10厚水泥砂浆找坡
现有结构

铺装排水口大样

## ▼线性排水沟做法

① 线性排水对基础要求较高，主要通过地表排水把水引入排水井，故首先要平整地表，防止变形。

② 接合线性排水沟成品模块。

③ 铺贴时要利用水平仪，关键是做好标杆和排水坡度。

④ 做好收口位置，并进行固定。

⑤ 排水沟填缝,注意安装时做好清洁,否则影响出水坡度和美观。

⑥ 做排水测试,铺上铺装面层。

## ▼ 常见线性排水口设计

不锈钢排水沟

穿孔雕刻线形排水沟

防滑固定螺栓,定制版截水沟盖板

# ▼建筑、绿地收边线性排水

隐藏式收水槽，在雨水井的位置设置收水口

绿地和铺装收边设置明沟凹型排水槽，能快速散水

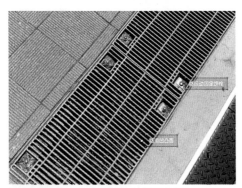

箅子配有防振动固定螺栓和防滑凹凸面

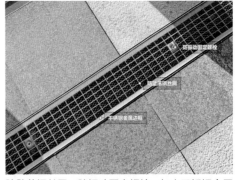

防坠落钢丝网、防振动固定螺栓，加上不锈钢金属收边，充满细节的建筑边线性排水

纤细、精致的建筑边线性排水沟

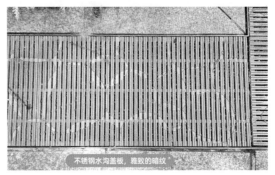

不锈钢水沟盖板，呈现雅致暗纹

## ▼车行道及大面积铺装有组织排水

沥青路面如果不便设置排水沟，也可采用铁箅子线性排水沟

大面积铺装的局部花岗岩排水盖板，隐蔽性强

结合侧石和明沟的收水口

别致的侧石收水口

绿地和铺装收边设置明沟凹型排水槽，颜色和人行道侧石一致

# 问题5：落叶、泥土堵塞排水口，污染铺装

如直接在种植区与铺装之间设置线性排水沟，日积月累，落叶、泥土就会堵塞排水口，且污染铺装。

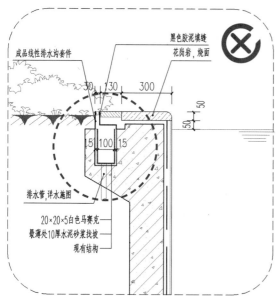

水池周边排水口大样

错误示意

---

**小贴士**

### 如何选择排水沟方式

◎线性排水沟通常是直线或近似直线的排水通道，沿地势方向延伸，设计追求水流快速排放，减少洪水风险，一般设置在大面积的铺装广场等地。

◎非线性排水沟的形状和布局较为复杂，可以采用曲线、弯曲甚至分散的方式，以便更好地处理地表径流，减少侵蚀和提高水质。

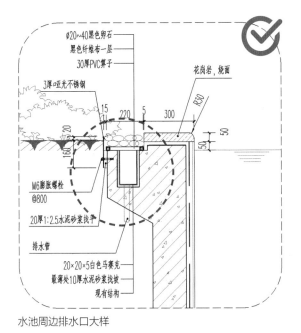

图中标注：
Ø20~40黑色卵石
黑色纤维布一层
30厚PVC算子
花岗岩，烧面
3厚哑光不锈钢
15  220  5  300  R50
16° 20  50
50
M6膨胀螺栓
@800
20厚1:2.5水泥砂浆找平
排水管
20×20×5白色马赛克
最薄处10厚水泥砂浆找披
现有结构

水池周边排水口大样

## 解决方法 ⟫

◎种植区与铺装衔接处的排水有两种方式：一是砌筑花基，再沿着花基边缘设置排水沟；二是沿着种植区设置树池算子，上面铺设河卵石。

◎雨水算子控制在园路或水体边缘大约50mm 处，低于路面 50mm，算子上铺河卵石，混凝土表面抹光，清理干净。

正确示意

# 问题6：装饰井盖与线性排水口交叉

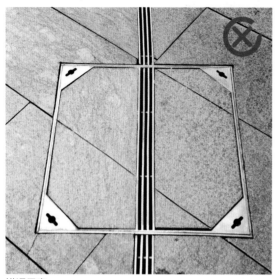

错误示意

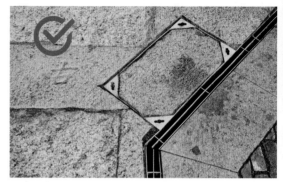

正确示意

### 解决方法 ⟶

◎设计时注意总图控制，对各类管井位置、管网走线叠图校核。

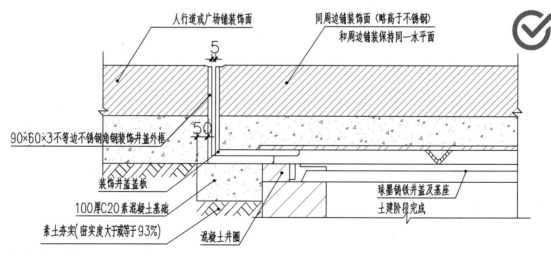

装饰井盖与线性排水口交叉位置大样

# 问题 7：雨水口周边草坪成活难，景观效果差

当雨水口设置不当或竖向设计不合理时，都会造成滞水，从而影响周边植物的景观效果。

正确示意

错误示意

## 解决方法 ⟶⟫

◎加强局部微地形处理，引导水流排向排水口。

◎雨水口宜采用复合材料（不饱和聚酯树脂，深绿色）盖板。

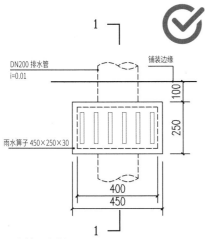

雨水箅子大样

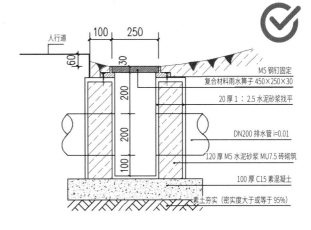

雨水口收边大样

# 问题 8：儿童沙池排水不畅，有安全隐患

正确示意

## ▼ 盲管排水施工

**1** 安装排水盲管。将盲管插入切割口中，确保密封圈完整且紧密贴合，使用扳手轻轻旋紧，注意盲管的安装方向和坡度，确保废水或雨水能够顺利排出。

**2** 连接排水盲管。根据实际情况，使用胶水或胶管连接排水盲管与其他管道，并确保连接紧密，用密封材料进行密封，以防泄漏。

**3** 检查和测试。通过放水或施压等方式进行测试，检查是否存在漏水、堵塞等问题。

④ 安装疏水板。

⑤ 铺砾石。

⑥ 砌筑沙池壁。

⑦ 铺软沙。

# 问题 9：泳池排水盖板断裂

　　若泳池排水格栅质量不过关，使用过程中遭到猛烈冲击、碰撞，或时间较长出现老化，都会造成格栅盖板断裂。建议采用成品线性排水沟取代格栅盖板。

排水盖板断裂

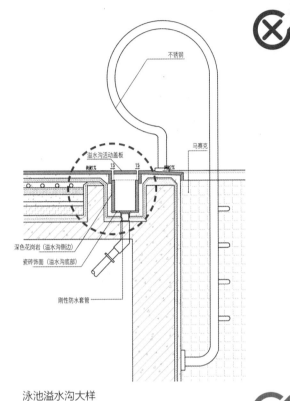

泳池溢水沟大样

泳池收边线性排水沟

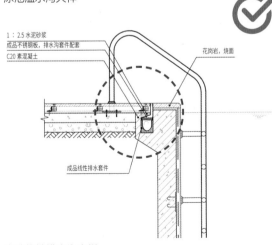

泳池线性排水沟大样

# 问题 10：木平台滞水、泡水，导致木龙骨腐烂

对木平台疏水考虑不周，会导致承重龙骨出现腐烂。

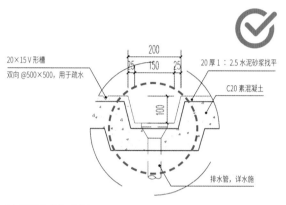

20×15 V 形槽
双向 @500×500，用于疏水

200
25  150  25

100

20 厚 1：2.5 水泥砂浆找平

C20 素混凝土

排水管，详水施

V 形槽排水沟大样

错误示意

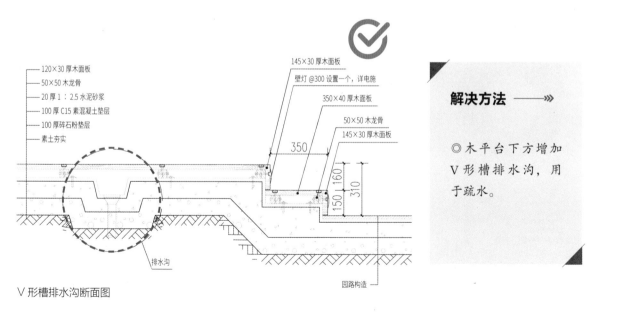

120×30 厚木面板
50×50 木龙骨
20 厚 1：2.5 水泥砂浆
100 厚 C15 素混凝土垫层
100 厚碎石粉垫层
素土夯实

145×30 厚木面板
壁灯 @300 设置一个，详电施
350×40 厚木面板
50×50 木龙骨
145×30 厚木面板

350

150  160
310

排水沟

园路构造

V 形槽排水沟断面图

**解决方法** ⟫

◎ 木平台下方增加
V 形槽排水沟，用
于疏水。

# 6

管井

# 问题1：水池中管井盖板收口不美观

正确示意

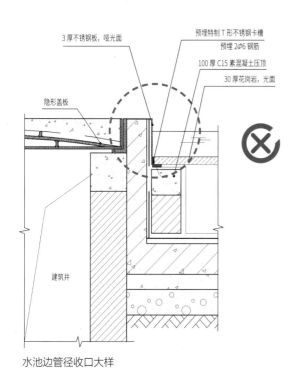

3厚不锈钢板，哑光面

预埋特制T形不锈钢卡槽

预埋2ϕ6钢筋

100厚C15素混凝土压顶

30厚花岗岩，光面

隐形盖板

建筑井

水池边管径收口大样

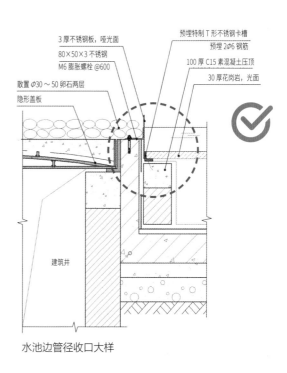

3厚不锈钢板，哑光面

80×50×3不锈钢

M6膨胀螺栓@600

预埋特制T形不锈钢卡槽

预埋2ϕ6钢筋

100厚C15素混凝土压顶

30厚花岗岩，光面

散置ϕ30～50卵石两层

隐形盖板

建筑井

水池边管径收口大样

# 问题 2：铺装面与盖板不平整，收边不美观

错误示意

无缝井盖实景示意

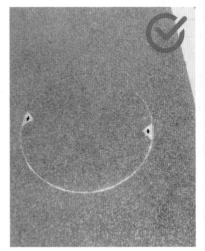

骨料路面的细框装饰井盖

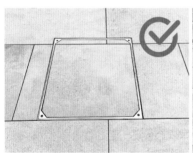

花岗岩盖板

**解决方法** ————————————————————————————»»

◎根据地面排水坡度和标高设置排水口，排水位置设置在最低点，盖板相对于周边铺装低5mm左右。地面排水口应与整体铺装统一，收边处理要精细，材料切割要对称，和周边材料的拼接要自然，这些都应作为施工的细部重点对待。

## ▼ 无缝井盖做法一

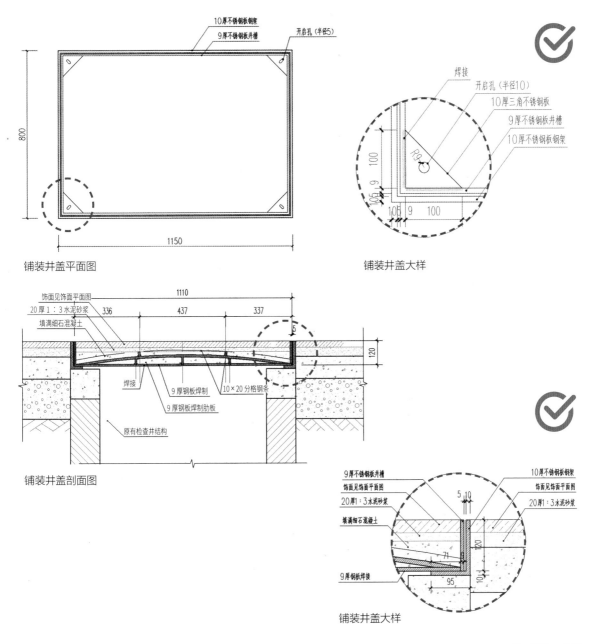

10厚不锈钢板钢架
9厚不锈钢板井槽
开启孔 (半径5)

800
1150

铺装井盖平面图

焊接
开启孔 (半径10)
10厚三角不锈钢板
9厚不锈钢板井槽
10厚不锈钢板钢架
R9
100
9
10.5
10.5  9  100

铺装井盖大样

饰面见饰面平面图
20厚1:3水泥砂浆
填满细石混凝土

1110
336    437    337
5

120

焊接
9厚钢板焊制
9厚钢板焊制肋板
10×20分格钢条
原有检查井结构

铺装井盖剖面图

9厚不锈钢板井槽          10厚不锈钢板钢架
饰面见饰面平面图          饰面见饰面平面图
20厚1:3水泥砂浆      5  10      20厚1:3水泥砂浆
填满细石混凝土
120
71
9厚钢板焊接          95          10

铺装井盖大样

## ▼无缝井盖做法二

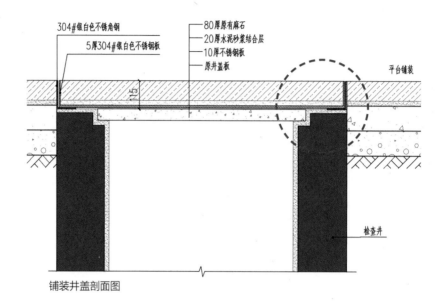

334#银白色不锈角钢
80厚原有麻石
20厚水泥砂浆结合层
10厚不锈钢板
原井盖板
平台铺装

5厚304#银白色不锈钢板

115

检查井

铺装井盖剖面图

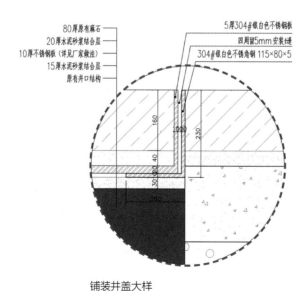

80厚原有麻石
20厚水泥砂浆结合层
10厚不锈钢板(详见厂家做法)
15厚水泥砂浆结合层
原有井口结构

5厚304#银白色不锈钢板
四周留5mm安装缝
304#银白色不锈角钢 115×80×5

160
1000
230
40
30 30
160

铺装井盖大样

## ▼ 无缝井盖施工

① 铺底层。在井盖底部铺设一层砂浆或砾石，起到支撑和稳定的作用，厚度应根据井盖的尺寸和设计要求确定。

② 安装井盖。将井盖放置在坑中，选择合适的安装方法来固定材料。常见的安装方法包括膨胀螺栓固定、焊接固定等。

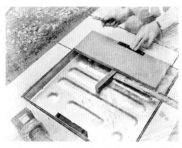

③ 调整井盖高度。使用调整装置进行调整，确保与道路表面齐平。

④ 填充。装好井盖后，填充坑内空隙。填充材料可以使用砂浆、水泥、沥青等，厚度应满足道路的平整度和排水要求。

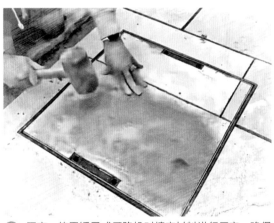

⑤ 压实。使用锤子或压路机对填充材料进行压实，确保填充材料的密实度和稳定性。

⑥ 清理并擦拭井盖表面。

⑦ 对装好的井盖进行检查，确认其稳固性和平整度。检查井盖的密封性和排水性能，确保功能完好。

## ▼ 木地板活动井盖做法

① 画线定位，用切割机直接切割面板。

② 切割完成。

③ 在塑木反面安装不锈钢扣件。

④ 对齐。

⑤ 用枪钉固定。

⑥ 盖上面板。

# 问题 3：绿地井盖外露，周边种植草不易成活

植草盖板积水

井盖外露

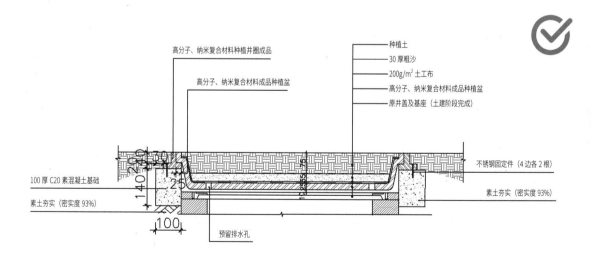

铺装井盖大样

### 解决方法 ——————————➤

◎把井盖护角降低至绿地以下，保证草坪生长需要的覆土深度，减少井盖基础宽度。

◎对于无法处理的井盖，周边宜采用卵石收边处理。

◎采用植草井盖，管井道内径小于井座内径，处理成高脖井盖，保证井盖外缘的覆土厚度。

## ▼ 井盖安装 ——————————————————————

① 根据综合管线施工图和现场管线布置井盖，并根据微地形标高井筒高度。

② 如果井筒在斜坡上，注意顺坡找坡处理。安装植草井盖基础，注意收边高度需与四周草坡找平。

③ 安装防跌落网。

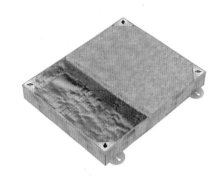

④ 托盘底铺土工布一道，然后覆土种植灌木或草皮。

⑤ 灌木种植完毕，允许托盘井盖边露出，草皮种植完毕，托盘井盖边不得外露。

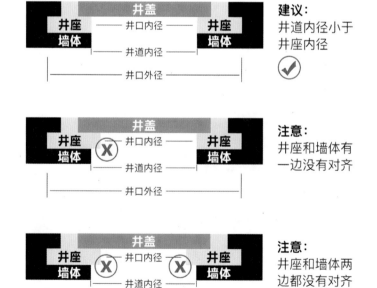

建议：
井道内径小于
井座内径
✓

注意：
井座和墙体有
一边没有对齐

注意：
井座和墙体两
边都没有对齐

注：安装完成后，井盖要与地面保持齐平

绿地井盖

混凝土井盖

## 其他注意事项

◎绿地井盖美化不适合化粪池井盖，会影响维修人员进入，还可能导致雨水排进化粪池，要确保化粪池井盖在地面上。

◎如果井盖是混凝土的，可以考虑用马赛克砖在盖子上设计一个有吸引力的图案。更简单的方法是给它涂一个涂层，比如选择纯色涂料使井盖与周围环境融为一体等。

◎也可在化粪池井盖上增加一个玻璃钢或者轻质玻璃纤维的仿石盖，它们不会给化粪池系统增加重量，而且容易移动，也容易识别。

化粪池仿石盖板

# 7

景观照明

# 问题 1：灯具铸铁基础腐蚀，存在安全隐患

在草坪里，灯具基础外露会使感官效果变差，时间长了，更会存在漏电风险。

错误示意

正确示意

**解决方法** ➤➤

◎ 增加混凝土等安全基础。采用 L 50x5 镀锌角钢作接地极，埋深于基础以下 2.5m。基础主筋及地脚螺栓与接地极用 ⌀12mm 镀锌圆钢焊接。若灯基安装在车库顶上，则各地脚螺栓与车库顶板配筋焊接。

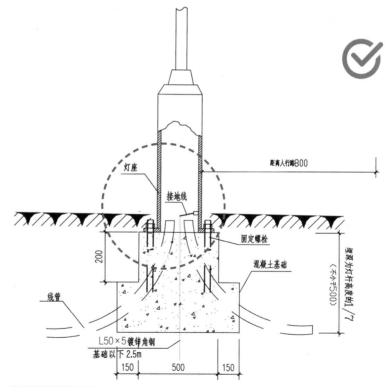

灯具铸铁基础大样

# 问题2: 庭院灯、投光灯外露基础, 不美观

投光灯基础埋深不足或表面覆土不足, 易造成基础外露, 影响整体观感。

**解决方法** ———— ≫

◎ 用装饰盖、石材等进行装饰处理。

◎ 用植物遮挡。

投光灯摆放实景

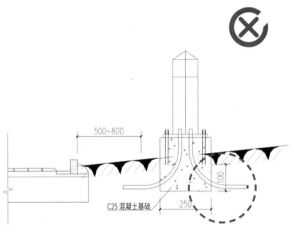

庭院灯、投光灯基础大样

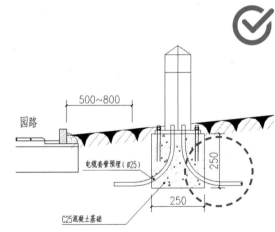

庭院灯、投光灯基础大样

# 问题3：景墙勾勒图案灯带外露

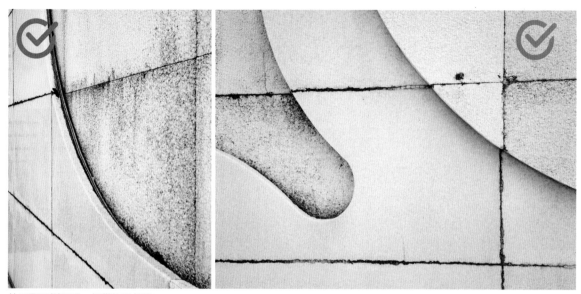

从正面和侧面看，灯带均无外露

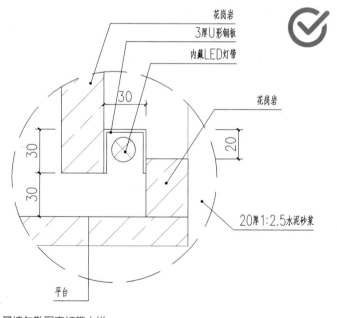

景墙勾勒图案灯带大样

花岗岩
3厚U形钢板
内藏LED灯带
花岗岩
30
30
30
20
20厚1:2.5水泥砂浆
平台

### 技术要求 ➡➡

◎沿着图案边缘藏U形钢板，内藏灯带。

# 问题 4：花基底部 LED 灯眩光

花基底部 LED 灯的安装角度、位置不当等都会造成眩光，从而影响行人视觉。

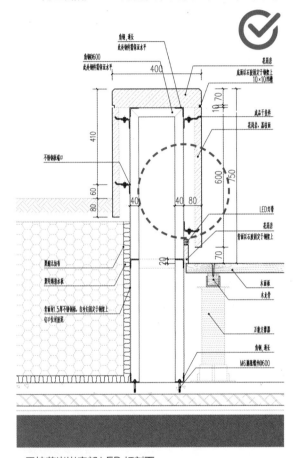

干挂花岗岩底部 LED 灯剖面

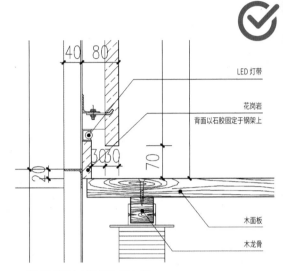

干挂花岗岩底部 LED 灯大样

正确示意

**技术要求** ————————————————————————————————>>

◎将嵌入的 LED 灯固定在钢架上的花岗岩顶部，且高于干挂花岗岩底部，能防止眩光。

# 问题 5：台阶踏步照明眩光，管线外露

台阶踏步安全照明十分重要，安装位置和管线埋设方式不仅影响使用效果，而且还会影响后期养护。

**解决方法** ➤➤

◎台阶预埋 LED 灯，并且采用台阶踏板预制件或者暗藏灯带的方式。

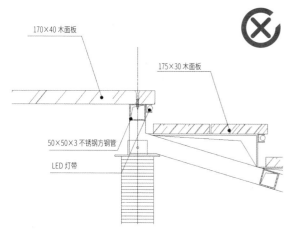

木平台台阶踏步 LED 灯带大样

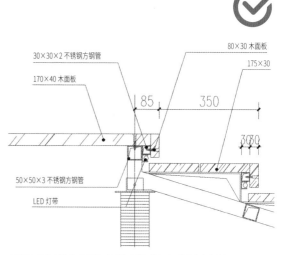

木平台台阶踏步 LED 灯带大样（灯打向踏步板）

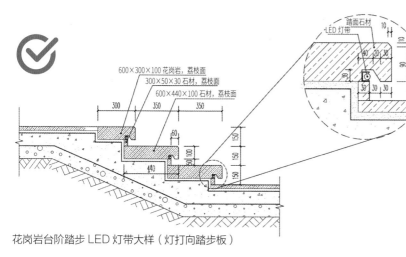

花岗岩台阶踏步 LED 灯带大样（灯打向踏步板）

正确示意

# ▼ 台阶踏步灯带预埋做法

① 在切口中铺设导线，并固定好导线位置，防止后续装修时被破坏。

② 在弯曲之处，需要顺好后再沿着凹槽埋管，保障导线畅通。

③ 在导线上安装灯带，按照标记长度自行裁剪，并固定好灯带位置。

④ 灯带有两种铺设方式，如果台阶沿着花基或矮墙，宜埋于墙体内；如果台阶悬空，则直接埋在台阶侧面。进行测试，确保灯带均能点亮，且亮度一致。

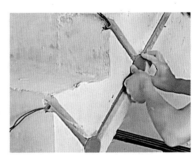

⑤ 安装完成后，用同色硅胶填补踏步切口，以便保护和固定灯带。

⑥ 感应灯需要安装感应头。

⑦ 管线应全部包扎好再卡入槽内。

⑧ 线槽收口。

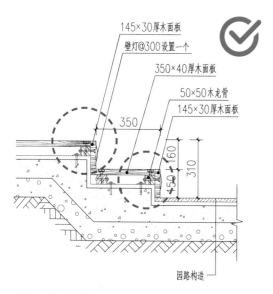

145×30厚木面板
壁灯@300设置一个
350×40厚木面板
50×50木龙骨
145×30厚木面板
350
160
310
园路构造

木平台点光源大样

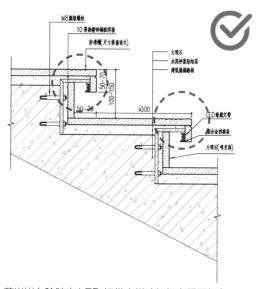

M8膨胀螺栓
10厚热镀锌钢板焊接
防滑槽（尺寸装量设计）
大理石
水泥砂浆粘结层
建筑结构踏板
50~70
100~150
50~70
×300
LED暗藏灯带
铝合金挡板条
大理石（哑光面）

花岗岩台阶踏步 LED 灯带大样（灯打向踢面板）

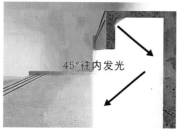

45°往内发光

理想的避免眩光方法：踏步灯打向踢面板

点光源照明

悬浮台阶照明

木台阶照明

# 问题6：花基底座灯带（线灯）外露或脱落

采用PVC板隐藏灯带，不仅效果不佳，后期还需要经常维修和替换。

错误示意

正确示意

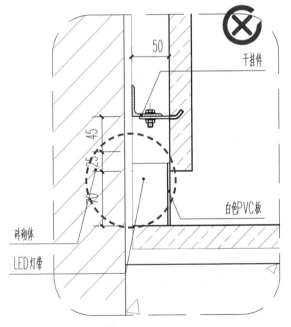

花基底座灯带固定大样

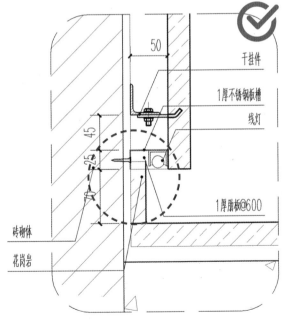

花基底座灯带固定大样

# 问题 7：浮雕洗墙灯局部过亮

　　洗墙灯局部过亮的原因主要是安装方式有误。若安装的位置距浮雕太近，安装在底部或顶部，就会出现底部或顶部过亮但表面非常暗淡的情况，达不到照亮浮雕表面的效果。

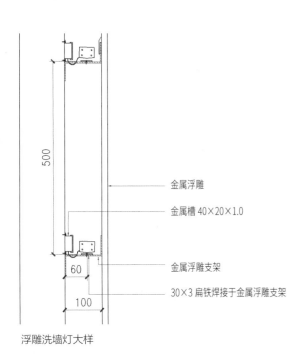

金属浮雕

金属槽 40×20×1.0

金属浮雕支架

30×3 扁铁焊接于金属浮雕支架

浮雕洗墙灯大样

洗墙灯安装在艺术雕塑底部，并与其基础平行

灯光效果

## 技术要求

◎在浮雕支架上安装 LED 灯带线槽。

# 问题 8：冲孔钢板眩光，亮度不均匀

正确示意

冲孔单铝板与 LED 灯结合

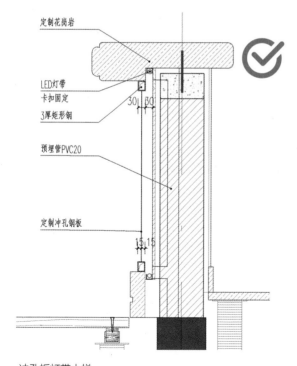

定制花岗岩

LED灯带
卡扣固定

3厚矩形钢

30  30

预埋管PVC20

定制冲孔钢板

15  15

冲孔板灯带大样

## 技术要求

◎ LED 灯带需用卡口固定在花岗岩内侧，而不是钢板上。

# 问题 9：水边绿墙灯带外露不安全

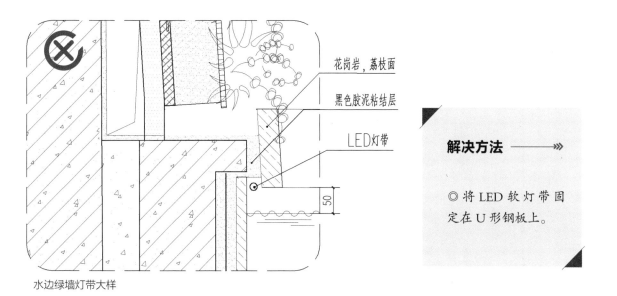

花岗岩，荔枝面

黑色胶泥粘结层

LED灯带

50

水边绿墙灯带大样

**解决方法** ⟶ ≫

◎ 将 LED 软灯带固定在 U 形钢板上。

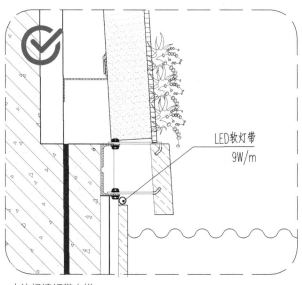

LED软灯带
9W/m

水边绿墙灯带大样

正确示意

# 问题 10：绿墙灯箱被绿植遮挡

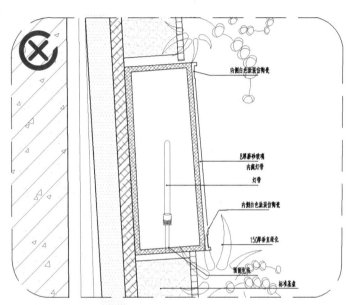

绿墙灯箱大样

内侧白色涂装仿陶瓷

8厚磨砂玻璃
内藏灯带
灯带

内侧白色涂装仿陶瓷

150厚垂直绿化

预埋线管

标准基盒

错误示意

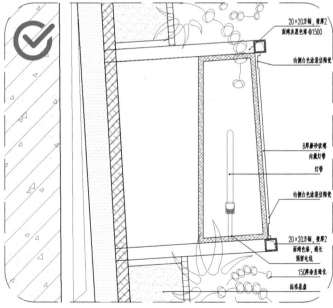

绿墙灯箱大样

20×20方钢，壁厚2
面烤灰色漆@1500

内侧白色涂装仿陶瓷

8厚磨砂玻璃
内藏灯带
灯带

内侧白色涂装仿陶瓷

20×20方钢，壁厚2
面烤色漆、通长
预留电线

150厚垂直绿化

标准基盒

正确示意

### 解决方法 ————»

◎通过增加外挑方钢的方
式，把灯带"悬挑"在方
钢端头上。

# 问题 11：亲水平台安全照明不足

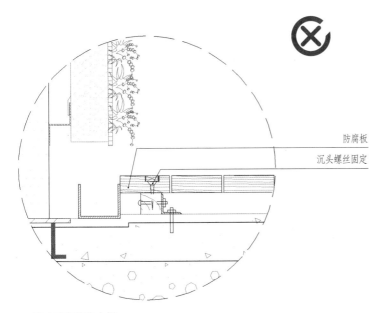

防腐板
沉头螺丝固定

亲水平台收边大样

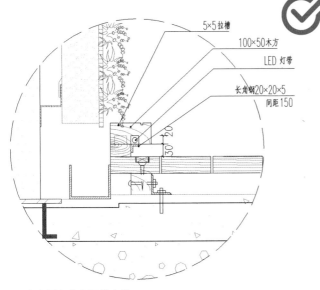

5×5拉槽
100×50木方
LED 灯带
长角钢20×20×5
间距150

亲水平台安全灯带大样

## 解决方法 ————————➤➤

◎在浅水区亲水平台边缘放置灯具，防止落水。

◎有深水的地方，在平台边上安装灯具阻止靠近，或者安装灯具照亮水面，提醒安全风险。

# 8

## 构筑物

# 问题1：绿墙压顶石不稳

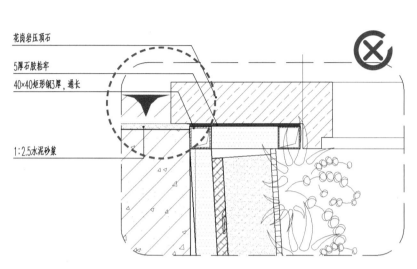

花岗岩压顶石

5厚石胶粘牢

40×40矩形钢3厚，通长

1:2.5水泥砂浆

正确示意

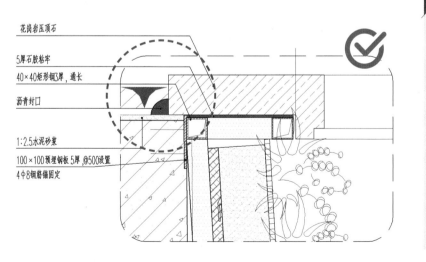

花岗岩压顶石

5厚石胶粘牢

40×40矩形钢3厚，通长

沥青封口

1:2.5水泥砂浆

100×100预埋钢板 5厚，@500设置

4Φ8钢筋锚固定

## 解决方法 ——»

◎ 在花岗岩压顶石右侧增加沥青封口，并在绿墙支撑结构与压顶石交接处增加预埋钢板，用钢筋锚固定在钢筋混凝土墙体上。

# 问题2：幕墙底座玻璃胶开裂、脱落

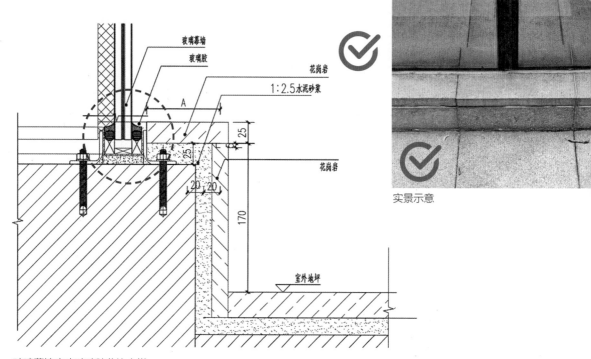

玻璃幕墙底座玻璃胶收边大样

实景示意

---

### —— 小贴士 ——

**玻璃胶开裂原因及解决方法**

◎胶与基材粘结不良，应严格按照粘结性试验结果推荐的流程施工。

◎施胶厚度不符合要求，太薄会导致破损，建议厚度不小于6mm。

◎接缝设计不合理，如胶缝过窄、施胶困难、密封不到位等，建议与幕墙设计方沟通解决。

# ▼ 玻璃胶施工

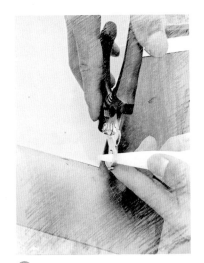

① 先把胶水尖头剪掉。

② 用打火机将厚壁均匀烤软。

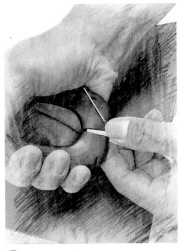

③ 用剪刀手柄尾部压好定型。

④ 刀片用 30° 斜切。

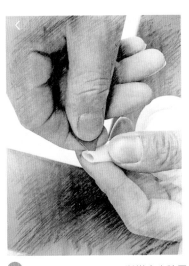

⑤ 中间开个小 ∨ 口，可以增大出胶量。

⑥ 沿接缝打胶。

## 问题3：花岗岩墙面非整板部位拼贴不平整，易脱落

实景示意

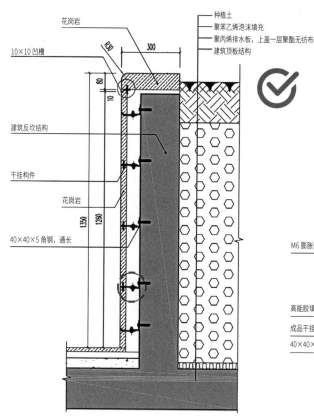

干挂花岗岩墙面大样

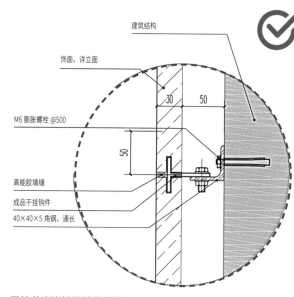

干挂花岗岩墙面填缝大样

# ▼花岗岩外立墙面板缝处理

① 填充泡沫条。

② 两侧贴美纹纸。

③ 注入耐候性硅酮密封胶。

④ 撕掉美纹纸，擦拭干净表面。

# 问题 4：花架钢结构柱与坐凳顶部收口不美观

正确示意

## 技术要求 ➔➔

◎ 方钢两端封钢板，外喷白色漆，与坐凳面层之间预留安装缝。

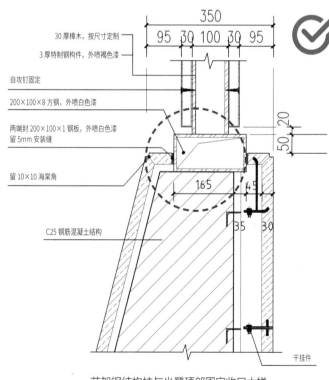

30 厚樟木，按尺寸定制
3 厚特制钢构件，外喷褐色漆
自攻钉固定
200×100×8 方钢，外喷白色漆
两端封 200×100×1 钢板，外喷白色漆留 5mm 安装缝
留 10×10 海棠角
C25 钢筋混凝土结构
干挂件

350
95 30 100 30 95
50 20
165 45
35 30

花架钢结构柱与坐凳顶部固定收口大样

## ▼阳角条安装做法

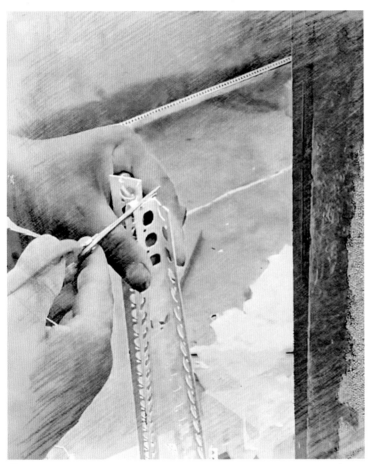

① 首先，按照尺寸修剪阳角条。

② 再将阳角条与墙角贴合。

③ 最后进行水泥批荡。

# 问题5：景墙饰面板脱落

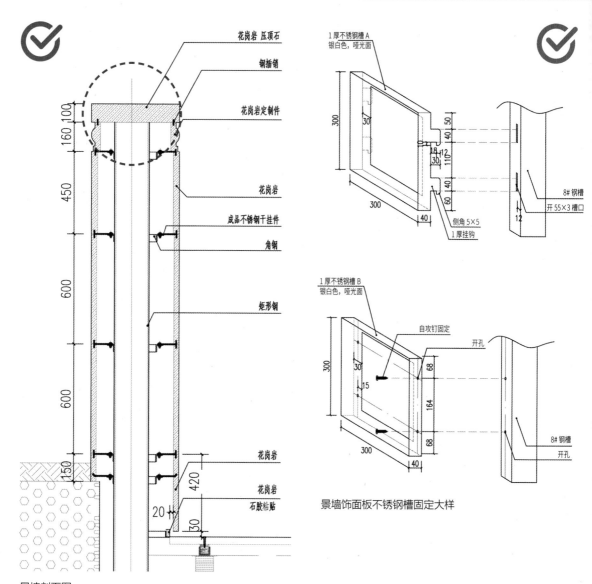

**景墙剖面图**

景墙饰面板不锈钢槽固定大样

花岗岩 压顶石
钢插销
花岗岩定制件
花岗岩
成品不锈钢干挂件
角钢
矩形钢
花岗岩
花岗岩
石胶粘贴

1厚不锈钢槽A
银白色，哑光面
8# 钢槽
开 55×3 槽口
侧角 5×5
1厚挂钩

1厚不锈钢槽B
银白色，哑光面
自攻钉固定
开孔
8# 钢槽
开孔

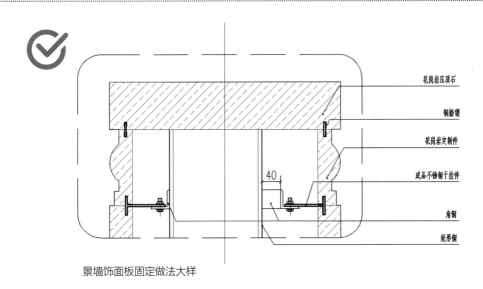

花岗岩压顶石

钢插销

花岗岩定制件

成品不锈钢干挂件

角钢

矩形钢

40

景墙饰面板固定做法大样

## 技术要求 ————»

◎室外大面积镶贴饰面板，宜采用干挂的方式，既保持面板清晰美观，又不会由于温差变化而导致饰面板脱落。如采取传统湿挂作业，就要考虑设置变形缝（如分格法或拉开板缝法等），严防热胀冷缩产生面板裂缝和块材脱落。

◎如果镶贴的饰面板为人造石雕花工艺，为防止脱落，人造石宜用石胶粘在钢槽上（见右图）。

正确示意

# 问题6：挡土墙顶板移位

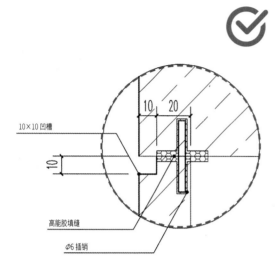

挡土墙填缝大样

图中标注：
10×10 凹槽
10
20
10
高能胶填缝
∅6 插销

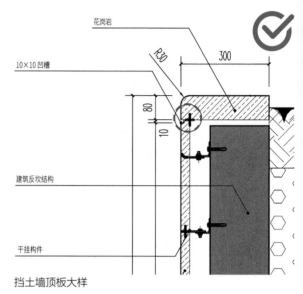

挡土墙顶板大样

图中标注：
花岗岩
10×10 凹槽
R30
300
80
10
建筑反坎结构
干挂构件

实景示意

**技术要求** ━━━━━▶

◎将花岗岩压顶顶部做成坡度，坡度为2%～4%。

◎在压顶板与墙体之间的空隙里填塞防水砂浆，压顶板与竖向花岗岩接口处用环氧树脂封闭，压顶板与墙体接口处用沥青油膏封闭。

# 问题 7：雕花景墙固定不稳

实景示意

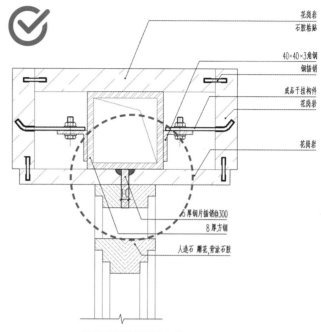

花岗岩
石胶粘贴

40×40×3角钢
钢插销

成品干挂构件
花岗岩

花岗岩

5厚钢片插销@300
8厚方钢

人造石 雕花,背涂石胶

雕花景墙顶部固定大样

**技术要求**

◎通过干挂的形式固定雕花景墙顶部和底部的花岗岩，中间构件用石胶固定。

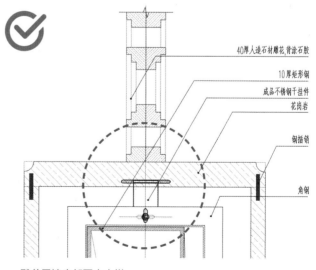

40厚人造石材雕花,背涂石胶

10厚矩形钢
成品不锈钢干挂件
花岗岩

钢插销

角钢

雕花景墙底部固定大样

# 问题 8：无障碍栏杆立柱不稳

实景示意

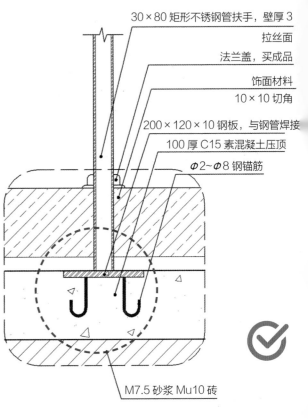

30×80 矩形不锈钢管扶手，壁厚 3

拉丝面

法兰盖，买成品

饰面材料

10×10 切角

200×120×10 钢板，与钢管焊接

100 厚 C15 素混凝土压顶

$\phi 2 \sim \phi 8$ 钢锚筋

M7.5 砂浆 Mu10 砖

立柱固定大样

**技术要求** ━━━━━━━━━━━━━━━━━━━━━━━━━━━━━⟫

◎增加钢锚筋钢板于混凝土基础内。

# 问题9：木格栅遮阳棚如何隐藏悬臂梁

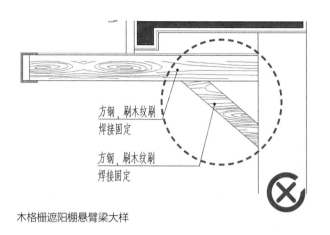

方钢，刷木纹刷
焊接固定

方钢，刷木纹刷
焊接固定

木格栅遮阳棚悬臂梁大样

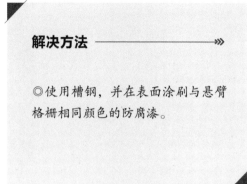

### 解决方法 ————»

◎使用槽钢，并在表面涂刷与悬臂格栅相同颜色的防腐漆。

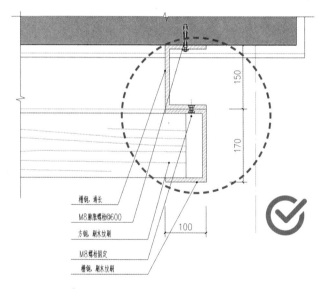

150

170

100

槽钢，通长
M8膨胀螺栓@600
方钢，刷木纹刷
M8螺栓固定
槽钢，刷木纹刷

木格栅遮阳棚悬臂梁大样

实景示意

# 问题 10：冲孔钢板松动或变形

冲孔钢板一般是通过在孔洞中插入螺丝进行固定。这种方式简单易行，但安装时需要考虑螺丝长度、固定深度等因素，否则容易导致冲孔板松动或变形。

**解决方法** ——»

◎ 冲孔钢板两端用矩形钢固定，矩形钢再固定于花岗岩基础上。

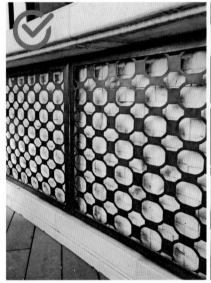

正确示意

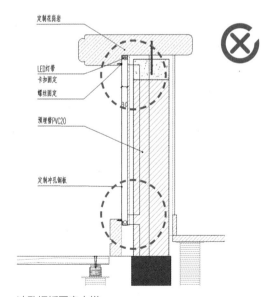

冲孔钢板固定大样

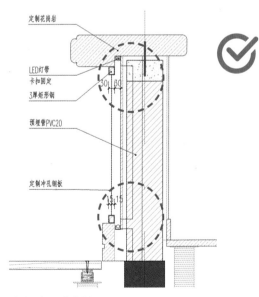

冲孔钢板固定大样

# 问题 11: 绿墙基座不稳固

正确示意

施工示意

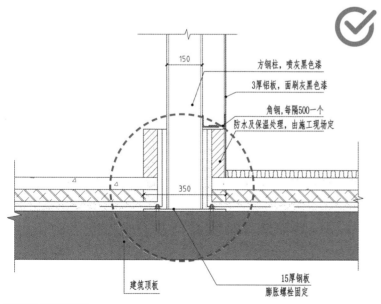

构筑物支撑柱基座

方钢柱,喷灰黑色漆

3厚铝板,面刷灰黑色漆

角钢,每隔500一个

防水及保温处理,由施工现场定

150

350

建筑顶板

15厚钢板
膨胀螺栓固定

## 技术要求 ———»»

◎底座立柱施工时,要打膨胀螺丝,螺丝应切割,便于做防水保温层。

# 问题 12：钢结构景墙基座不稳

正确示意

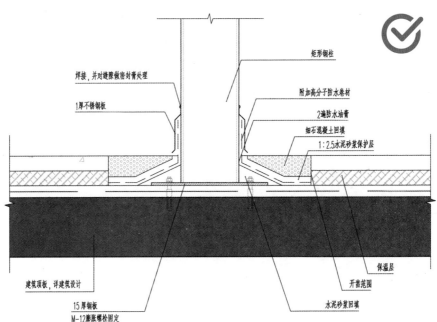

焊接，并对缝隙做密封膏处理

1厚不锈钢板

矩形钢柱

附加高分子防水卷材

2遍防水油膏

细石混凝土回填

1:2.5水泥砂浆保护层

建筑顶板，详建筑设计

15厚钢板
M-12膨胀螺栓固定

水泥砂浆回填

开凿范围

保温层

钢结构景墙立柱固定大样

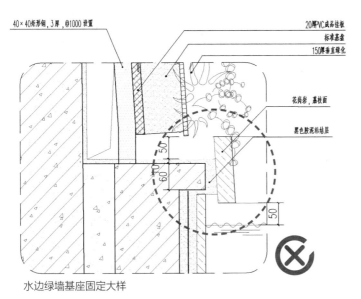

40×40矩形钢，3厚，@1000 设置
20厚PVC成品挂板
标准基盘
150厚垂直绿化
花岗岩，蒸枝面
黑色胶泥粘结层

水边绿墙基座固定大样

正确示意

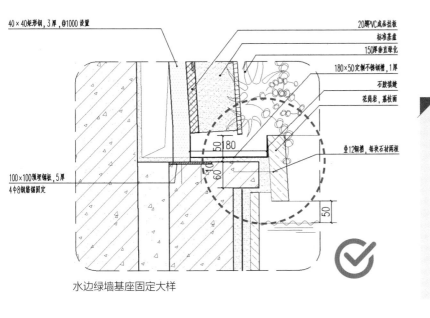

40×40矩形钢，3厚，@1000 设置
20厚PVC成品挂板
标准基盘
150厚垂直绿化
180×50定制不锈钢槽，1厚
石胶填缝
花岗岩，蒸枝面
盘12钢槽，每块石材两根

100×100预埋钢板，5厚
4Φ8钢筋锚固定

水边绿墙基座固定大样

## 解决方法 ━━━━━━━▶▶

◎定制不锈钢槽，用石胶粘合花岗岩基座，将钢槽与绿墙基础固定于预埋钢板中，并用钢筋锚固定。

# 问题 14：女儿墙屋面防水卷材翘边、起鼓

防水卷材翘边的原因，一是铺贴时没有注重平整度；二是在温度、气压等环境影响下，卷材出现变形或者损坏。

## ▼ 热熔压辊收边工法

 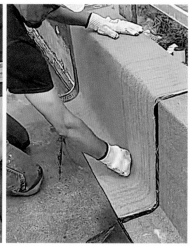

① 基层处理。首先对基层进行清理，去除杂物、油污等，确保干净平整。

② 为了让卷材更好地贴合女儿墙，从顶部到底部对卷材进行辊压、排气，确保粘贴牢固、表面平展、无皱折现象。

---

### 小贴士

**施工注意事项**

◎施工过程中，注意调整火焰加热器的喷嘴距离，一般为 30mm ~ 50mm。

◎厚度限制。对于厚度小于 3mm 的高聚物改性沥青防水卷材，严禁采用热熔法施工，以免发生变形，影响防水效果。

◎剥离法铺设防水卷材时，粘贴宽度应不小于 150mm，以确保卷材与基层的粘结力。

◎热熔法施工时，应注意现场的温度和湿度条件，以免影响效果。温度过低或湿度过大，均不适宜。

③ 将火焰加热器对准卷材的底部，使热熔胶熔化。

④ 热熔胶熔化后，立即将卷材滚压粘贴在基层上，从下（女儿墙底部）至上（女儿墙顶面）滚压，使其与基层紧密贴合。

**技术要求** ————»

◎采用热熔压辊收边工法连接卷材，严格按照搭接宽度和长度进行施工，保证连接处整齐美观。

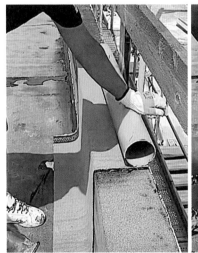

⑤ 在接缝处，先用火焰加热器将热熔胶熔化，然后迅速将两块卷材对接，并用压辊压实，使热熔胶充分溢出。

# 问题 15：围墙易脏

　　为更好地与园中其他元素相搭配，打造庭院洁净、梦幻的景观效果，围墙经常会被刷白，但日晒雨淋的侵蚀，也容易出现黑色印斑。

错误示意

围墙雨水印斑

**解决方法 ———»**

◎ 先涂刷罩面漆，为白墙做一层保护膜。

◎ 再于围墙顶部加上压顶或鹰嘴滴水线。

正确示意

## ▼ 施工方法

**做法一：** 在原有白墙上加鹰嘴滴水线，用水泥砂浆固定。

**做法二：** 加花岗岩压顶石，并留 1cm 深凹槽。

# 问题 16：建筑楼面玻璃栏杆基础不稳

　　玻璃栏杆基础没有采用内嵌式工艺，或者槽钢基础两侧没有找平顶部，都会造成基础外露，导致雨水或脏污渗入其中，影响其使用寿命和美观。

错误示意

正确示意

## ▼内嵌式玻璃栏杆安装工艺

① 将不锈钢 U 形钢槽固定在反梁（地梁）上，每隔 50cm 安装一个爆破螺栓，双面固定，埋深要在 10cm 以上。

② 把预制的玻璃栏杆安装在 U 形钢槽内，用发泡胶和玻璃胶同时固定。

③ 在 U 形钢槽两侧用不同材料（如铝单板、大理石或水泥）找平槽钢顶部，使槽钢隐藏其中。

## 造成基础不稳的原因

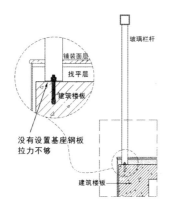

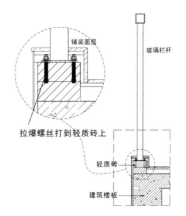

没有设置基座钢板，拉力不够

拉爆螺丝打到轻质砖上

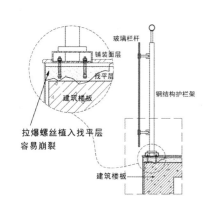

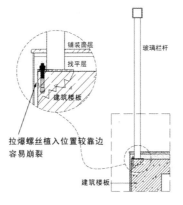

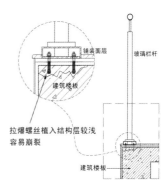

拉爆螺丝植入找平层，容易崩裂

拉爆螺丝植入位置较靠边，容易崩裂

拉爆螺丝植入结构层较浅，容易崩裂

# 问题 17：屋顶檐口花岗岩外贴面脱落

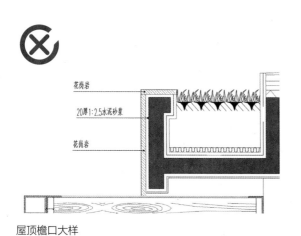

花岗岩

20厚1:2.5水泥砂浆

花岗岩

屋顶檐口大样

正确示意

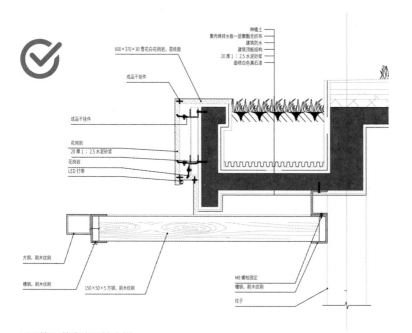

600×370×30雪花白花岗岩，荔枝面

成品干挂件

成品干挂件

花岗岩
20厚1:2.5水泥砂浆
花岗岩
LED灯带

种植土
聚丙烯排水板一层聚酯无纺布
建筑防水
建筑顶板结构
20厚1:2.5水泥砂浆
面喷白色真石漆

方钢，刷木纹刷

槽钢，刷木纹刷

150×50×5方钢，刷木纹刷

M8螺栓固定
槽钢，刷木纹刷
柱子

屋顶檐口花岗岩干挂大样

## 解决方法 ——»

◎贴面采用干挂的方式，能有效防止热胀冷缩引起的贴面裂缝和脱落。

# ▼花岗岩单板干挂檐口造型施工

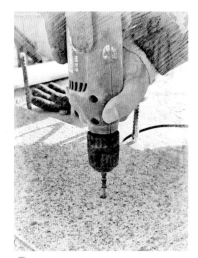

① 先在石材四角钻孔。

② 贴下部的石材面板，用膨胀螺栓固定在钢架上。

③ 再贴侧面的石材面板。

④ 最后贴顶面的石材板。

⑤ 用石缝胶贴合板缝。

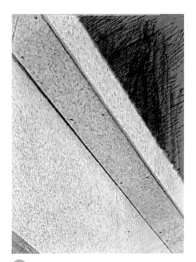

⑥ 完成后进行打磨。

# 附：景观工程常用术语

## 1. 石材表面

①抛光面。石材表面平滑，高度磨光，有镜面效果，需要不停维护以保持其光泽。

②哑光面。表面平整，用树脂磨料等在石材表面进行些许磨光处理，但光度较低，对光的反射较弱。

## 2. 防滑表面类石材

①酸洗面。采用强酸腐蚀石材表面，处理后更为质朴自然。大部分石头都可以酸洗，最常见的是大理石和石灰石。其特点是防滑、耐污、易清洁，适用于有水、潮湿的空间，如淋浴间地面。

②荔枝面。石材表面粗糙，凹凸不平，上面凿出密密麻麻的小洞就形成了荔枝面。其颗粒感较重，难以清理，适用于装饰饰面。

③布纹面。石材表面被处理成布纹肌理，给人一种壁布的感觉，既保留了石材的质感，也具有壁纸的肌理。

④水喷面。用高压水直接冲击石材表面，剥离质地较软的成分，其材质肌理的凹凸感及颗粒感比酸洗面和荔枝面弱，质感比哑光面更好，使用情况与哑光面类似。

⑤菠萝面。表面纹理比荔枝面更加凹凸不平，颗粒感更明显。其材质肌理与水喷面相反，且凹凸感比荔枝面明显，在空间需要明显的颗粒感时采用。

## 3. 装饰表面类石材

①垛斧面。石材纹理规律，有方向性，且密集。其表面纹理丰富，适合在彰显个性或回归自然的空间中使用。

②仿古面。通过一系列技术手段，将石材做旧处理。其风化感强，纹理自然。

③拉槽面。在石材表面开一定深度和宽度的沟槽（一般为5mm×5mm），通常是拉直线槽口，也可采用水刀拉曲线槽口，但成本较高。必要时可做打磨，避免出现意外伤人的情况。

④蘑菇面。一般是人工劈凿的，石材表面呈中间凸起的山丘状，通常用在围挡、外墙以及自然风格的室内空间中。若采用的石材规格过大或过重，建议采用干挂工艺。

⑤自然面。表面粗糙，有凸起，这种处理通常是用手工切割或在矿山錾凿，露出石头自然的开裂面，还原石材开采时的原貌。

⑥酸洗仿古面。以酸洗面的基础结合仿古面的优点进行制作，适用于做旧和风化处理的空间中。